海洋 探索未知事物
引领孩子走进海洋世界
EXPLORATION

JING TANMI

鲸探秘

陶红亮　主编

海洋出版社

2025 年·北京

图书在版编目（CIP）数据

鲸探秘 / 陶红亮主编 . -- 北京：海洋出版社，
2025. 1. -- ISBN 978-7-5210-1409-9

Ⅰ. Q959.841-49

中国国家版本馆 CIP 数据核字第 2024NB3067 号

海洋探秘

鲸探秘 JING TANMI

总 策 划：刘　斌

责任编辑：刘　斌

责任印制：安　淼

整体设计：童　虎·设计室

出版发行：海洋出版社

地　　址：北京市海淀区大慧寺路 8 号
　　　　　 100081

经　　销：新华书店

发行部：（010）62100090

总编室：（010）62100034

网　　址：www.oceanpress.com.cn

承　　印：侨友印刷（河北）有限公司

版　　次：2025 年 1 月第 1 版
　　　　　 2025 年 1 月第 1 次印刷

开　本：787mm×1092mm　1/16

印　张：10

字　数：180 千字

定　价：59.00 元

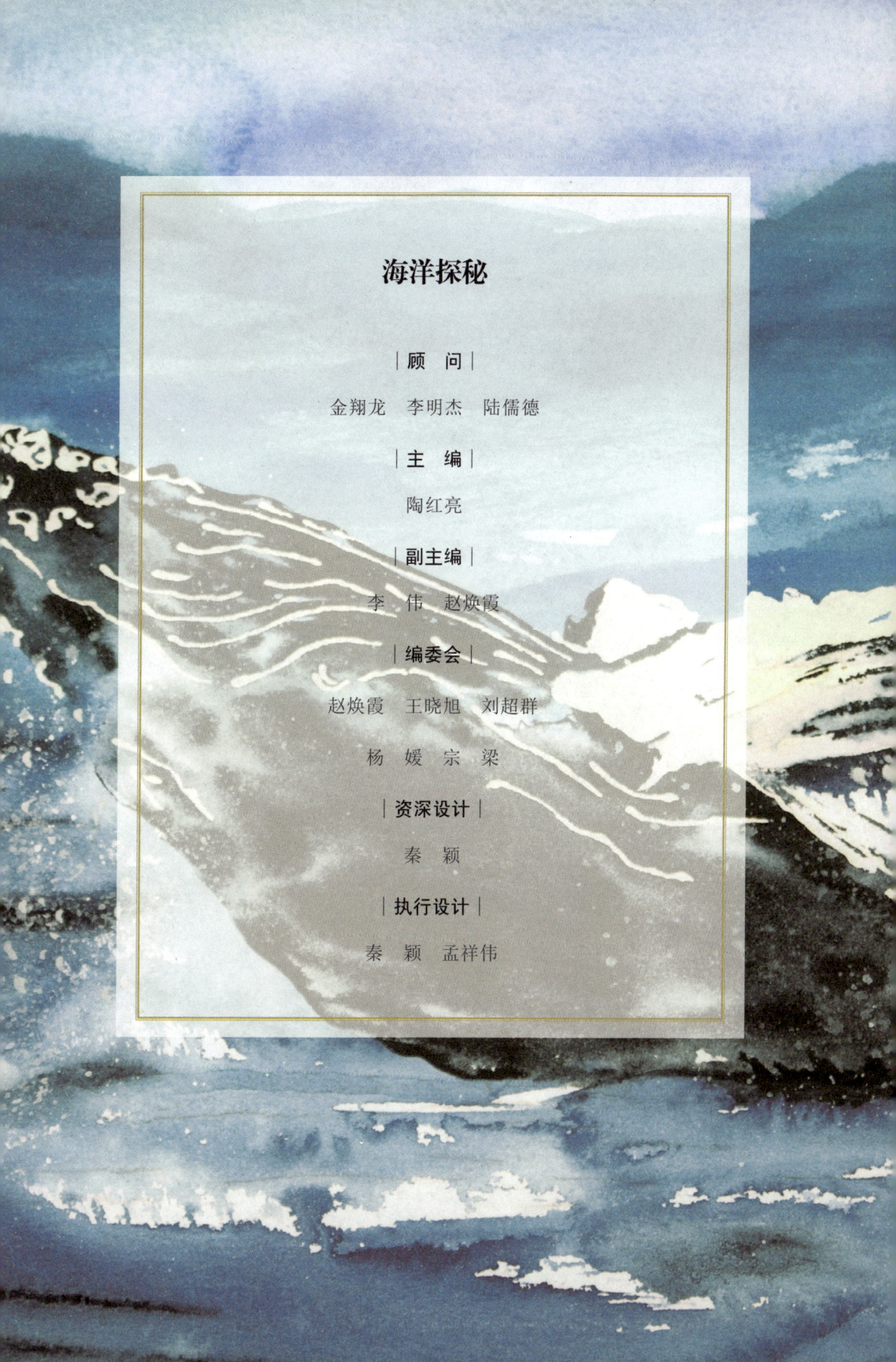

海洋探秘

| 顾　问 |

金翔龙　李明杰　陆儒德

| 主　编 |

陶红亮

| 副主编 |

李　伟　赵焕霞

| 编委会 |

赵焕霞　王晓旭　刘超群

杨　媛　宗　梁

| 资深设计 |

秦　颖

| 执行设计 |

秦　颖　孟祥伟

前言

　　生命起源于海洋，海洋中蕴含着丰富的生物资源，如鱼、贝、虾、蟹等，这些海洋生物以及海洋资源与人类的关系紧密相连。海洋生物能为人类提供丰富的蛋白质，海洋资源可以为人类的制药业或其他工业提供原材料。可以说，海洋对人类的生活和环境起着至关重要的作用。大自然缔造了人类、陆地动物、海洋生物等生命，但是，生命相互之间并不是简单的利益关系。相反，两者关系密切，用"唇亡齿寒"来形容也不为过。

　　鲸是海洋中最大的哺乳动物，它们是海洋中的"霸主"。例如，蓝鲸的体长可达33米，体重可达200吨，是目前地球上已知现存的体型最大的动物。

　　大约在5000万年前，一些临水而居的哺乳动物，为了更好地捕食和生存，慢慢进化出了蹼足，而且生活在水中的时间也越来越长，其中就包括鲸的祖先——古代鲸。古代鲸长得像鳄鱼，它们的体型远不及现在的鲸这般庞大，可能与现在的海豚差不多大小。它们常年生活在温暖的浅水域。它们或许也想不到，自己的后代会在几千万年以

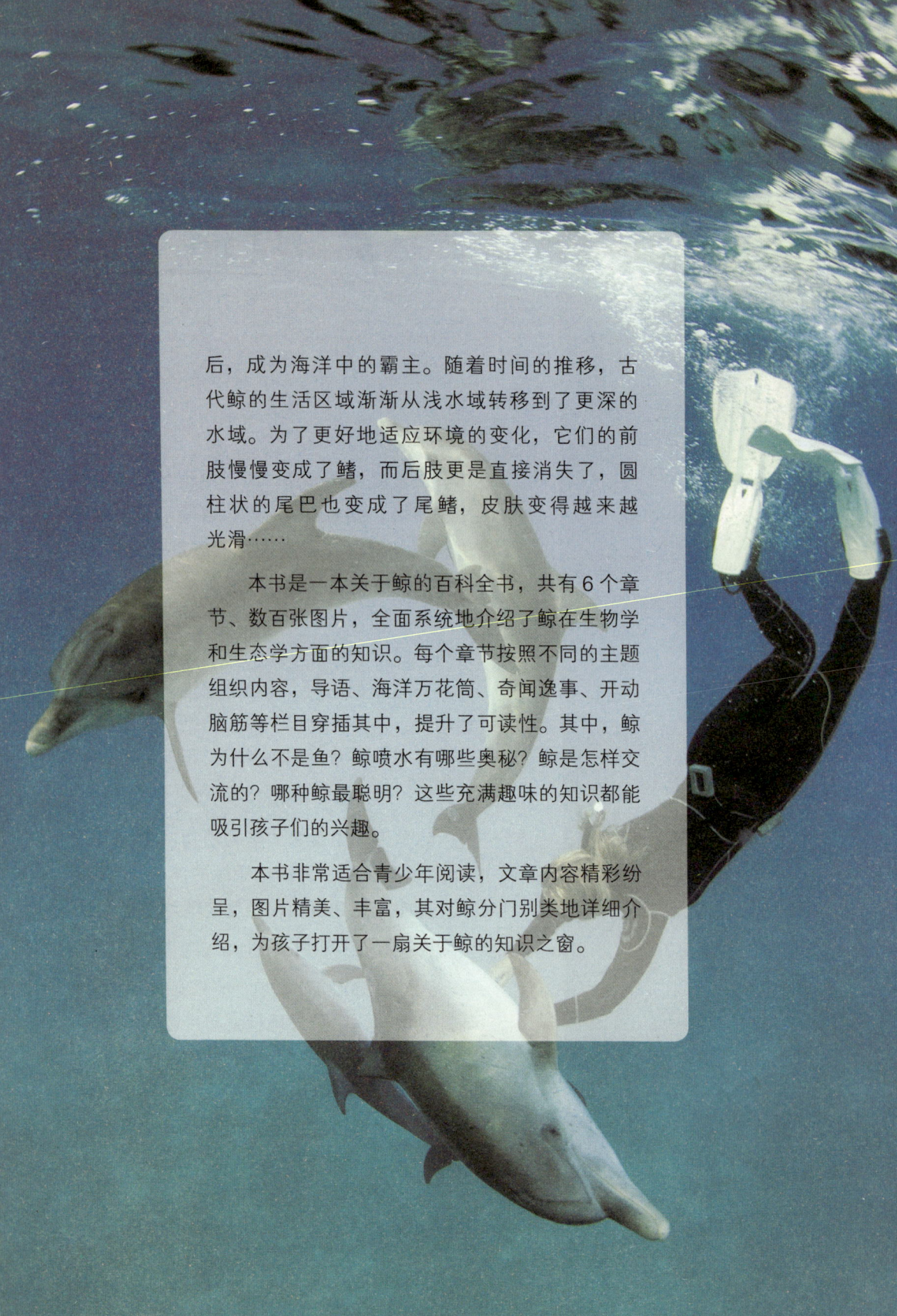

后，成为海洋中的霸主。随着时间的推移，古代鲸的生活区域渐渐从浅水域转移到了更深的水域。为了更好地适应环境的变化，它们的前肢慢慢变成了鳍，而后肢更是直接消失了，圆柱状的尾巴也变成了尾鳍，皮肤变得越来越光滑……

本书是一本关于鲸的百科全书，共有6个章节、数百张图片，全面系统地介绍了鲸在生物学和生态学方面的知识。每个章节按照不同的主题组织内容，导语、海洋万花筒、奇闻逸事、开动脑筋等栏目穿插其中，提升了可读性。其中，鲸为什么不是鱼？鲸喷水有哪些奥秘？鲸是怎样交流的？哪种鲸最聪明？这些充满趣味的知识都能吸引孩子们的兴趣。

本书非常适合青少年阅读，文章内容精彩纷呈，图片精美、丰富，其对鲸分门别类地详细介绍，为孩子打开了一扇关于鲸的知识之窗。

目录
CONTENTS

Part 1
鲸是海洋中的巨人

　　如果说海洋里有巨人，那么，鲸就是那个海洋巨人了。与海洋中游弋的鱼类相比，鲸简直就是一个巨无霸。比如，蓝鲸的身体大约可以长到 33 米长，体重更是达到了惊人的 200 吨左右。当然，鲸的家族中也有小个子，如江豚，它不仅体型小巧，而且常年生活在淡水之中。

鲸不是鱼

我们常常听见"鲸鱼"一词，而鲸到底是不是鱼呢？答案当然是否定的。虽然在很多人的印象里，鲸属于鱼的一种，但其实它是一种哺乳动物，而且更有趣的是，生活在陆地上的鹿和牛都是它的"亲属"。这一点，是人们在对比它们的骨骼结构时发现的。

用肺呼吸的大个子

鲸和鱼虽然有着相同的生活环境，但它们的呼吸方式却截然不同。这也是鲸不是鱼的第一个原因。

鱼可以在水中自由地用鳃呼吸，它们呼吸时，水流先是进入嘴，然后流经鳃瓣和鳃丝，最后再从鳃孔排出。在这一过程中，溶解在水中的氧气和鱼身体内产生的二氧化碳悄然发生着转换。如此一来，鱼才能在水中自由来去。可是鲸却是用肺呼吸的，可以说它是伪装成鱼的哺乳动物。

喷水是在呼吸

　　因为鲸是用肺呼吸的，所以它不能长时间在水下活动，每隔一段时间，便要将大脑袋露出水面，用头部上方的喷水孔呼吸新鲜空气。

　　当鲸浮出水面呼吸时，它会快速地收缩肺部，通过喷水孔排出大量的二氧化碳和其他废气。之后它便会将大量的新鲜空气一下子吸入肺部。所以，鲸在喷水的时候，也是在呼吸，而不是在玩耍。鲸还可以自主选择呼吸的具体时间，有些鲸在一次呼吸之后，可以在水下潜行几小时之久。

海洋万花筒

　　鲸虽然生活在水中，但是它却保留着肺部结构，它和其他哺乳动物一样都是用肺呼吸。鲸的肺部结构就像一块泡沫塑料板，上面遍布着许多小孔，称为"肺泡"。空气中的氧气和鲸血液中的废气——二氧化碳便是在这里进行交换的，因此，鲸的肺泡上分布着大量的血管。

鲸不是鱼的第二特征

　　鲸属于恒温动物，体温一直恒定在 34 ～ 36.5℃，这也是它不是鱼的第二个原因。鲸的皮肤十分光滑，没有鳞片，只有一点点毛发，在它游动时，裸露在外面的皮肤可以根据游动的速度产生细小的皮肤凹槽，从而平衡水流带来的冲击和阻力。此外，鲸拥有厚厚的皮下脂肪，厚实的脂肪不仅可以防止鲸在寒冷的海水中丧失热量，而且还可以降低鲸的热量消耗，这也是鲸在水中还能一直保持体温恒定的秘密。相比鲸，鱼类的身体则是被密集的鱼鳞所覆盖，体温与周围的水温相同，属于冷血动物。

小鲸吃乳汁长大

　　鲸繁殖后代的方式与人类是一样的，都是胎生，通常情况下，每胎只有一只幼仔。出生后的鲸宝宝由鲸妈妈用母乳哺育长大，而小鲸至少要吃一年的母乳才能独立生活。而鱼类则大多是卵生，鱼类也有胎生和卵胎生的，一次便可以产出成千上万的卵。鱼卵只要孵化，小鱼就可以独立存活，所以它们也不存在哺乳现象。

古代人为什么认为鲸是鱼呢

　　古代人认为鲸是鱼类，因为鲸的外形看起来与鱼类无异，它在水中生活，具有脊椎，而且和鱼一样，具有利于在水中行动的流线型身体，用鳍游泳，这些是不是很像鱼呢？

　　但是，随着科学的发展，经过近代解剖学的验证：原来鲸不是鱼，它并没有鱼类的鳃，它在水中呼吸靠的是肺，而且它产下后代的方式是胎生，用乳汁哺育幼仔，这就与鱼类不同了。因此，鲸不是鱼。

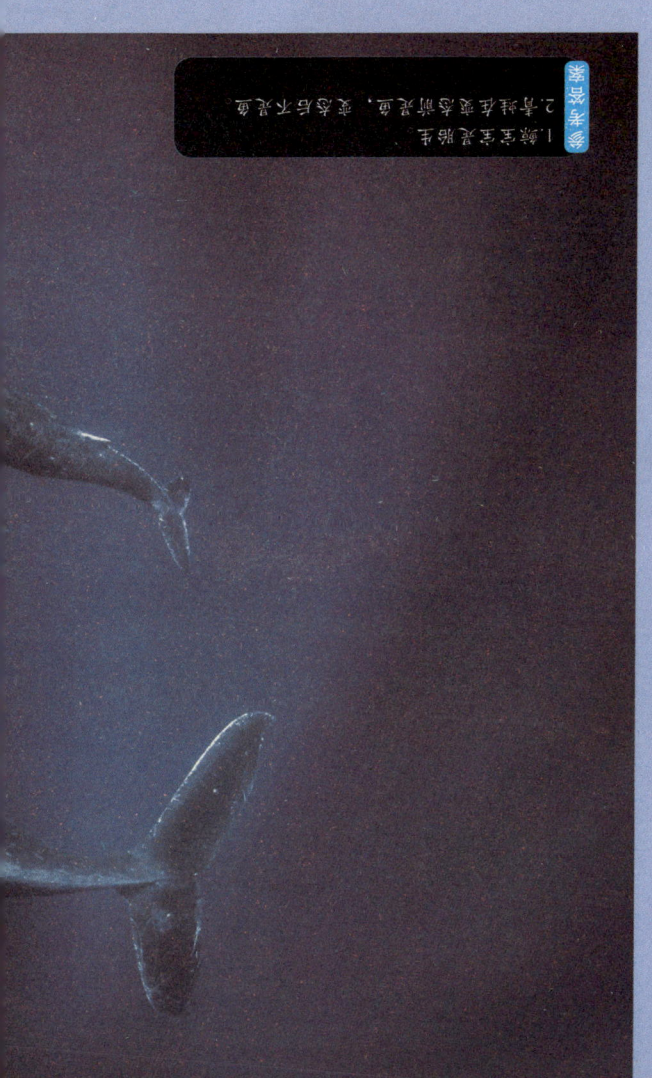

知识卡片
1.鲸是哺乳动物。
2.青蛙是两栖动物，变态前生活在水里。

奇闻逸事

　　青蛙在变态前是蝌蚪的形态，它在水中生活，有脊椎，而且用鳃呼吸，用鳍游泳，这一点看似已经确定它是鱼，但是青蛙在变态后便不用鳃呼吸，而是用肺，强健发达的四肢也代替了鳍，因此它不是鱼类。

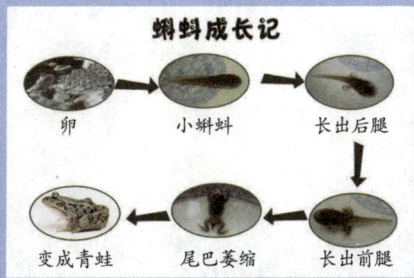

蝌蚪成长记

卵　→　小蝌蚪　→　长出后腿

↓

变成青蛙　←　尾巴萎缩　←　长出前腿

开动脑筋

　　1.鲸宝宝是胎生还是卵生呢？

　　2.青蛙在什么时候是鱼？又在什么时候不是鱼呢？

海马像马却是鱼

海马虽然生活在水中，但是外形却一点也不像是鱼，反而像马头，它的身体是由骨板组成的，这与我们印象中的鱼类相差甚远，那么，它为什么是鱼类呢？因为它在水中是用鳃呼吸，用鳍游泳的，而且也有脊椎，所以它是鱼。

鳄鱼也不是鱼

鳄鱼虽然在水中生活，并且有脊椎，但是它却是用肺呼吸的，而且它的身上也没有鳍，因此，它也不是鱼。再用同样的标准看一下墨鱼，虽然它是水中动物，但是它没有脊椎，虽然它有骨头，但是那只不过是墨鱼的内壳，并不是它的脊椎。而且它游泳的时候靠的也不是鳍，而是它腹上的漏斗，水通过漏斗的作用，从而为墨鱼提供前进或后退的动力，所以它不是鱼类。

🔬 海洋万花筒

墨鱼、鳄鱼、甲鱼、鲸，这些词语或字中都有一个"鱼"字，那么，它们真的都是鱼类吗？其实不然，它们并不是真正的鱼类，只不过是因为人们总是习惯在这些动物的名字上加一个"鱼"字而已。反而有一些名字当中没有"鱼"字的，如海龙、海马等，它们才是鱼类。

鱿鱼小档案

1. 海斗、海狮、海豹、海象、海獭
2. 因为海豹不是用腮呼吸，而且是靠肺呼吸的，不是靠腮呼吸。
3. 飞鱼虽然是用腮呼吸，用鳍游泳，并且是在水中生活的脊椎动物。

什么才算是鱼呢

你是不是觉得有些困惑？为什么名字中有"鱼"的反倒不是鱼，而不像是鱼的反而是鱼呢？为了解答这个问题，我们就要从鱼的定义入手。一般来说，鱼指的是用鳃呼吸（肺鱼除了用鳃呼吸外，还可以用鳔代替肺呼吸），用鳍游泳，并且在水中生活的脊椎动物。只要是符合这个定义的水生动物便是鱼，不符合的自然就不是鱼。我们在分辨水生动物是不是鱼类的时候，只要用上这个定义就可以很容易地判断了。

奇闻逸事

鲸为了适应水中的生活，进化出了与鱼类相似的外形。在大自然中，这种现象还有很多。有时候，你会发现一些植物的外部特征与动物十分类似，其实，这就是植物为了适应生存环境所做出的进化。另外，蝙蝠虽然是哺乳动物，但是它的翅膀却和鸟类似；企鹅虽然属于鸟类，但是它却没有可以飞翔的翅膀。

开动脑筋

1. 还有一些和鲸一样生活在水里的哺乳动物，你能找出它们吗？

2. 提出一个特征，证明一种在水下生活的动物不是鱼。

3. 飞鱼是鱼吗？为什么？

鲸的进化史

　　在 6500 万年前，统治着陆地的恐龙家族和控制着海洋的一些会游泳的爬行类突然灭绝了。陆地和海洋都迎来了新的主人——哺乳动物。这些动物数量庞大，种类繁杂，为了有限的生存空间，它们之间争斗不断。相比于陆地，海洋里存在更为丰富的资源以及广阔的空间。经过一段漫长的时间后，一些动物渐渐适应了水中的生活，如古代鲸。

新生代时期的鲸

　　大约在 5000 万年以前，一些临水而居的哺乳动物为了更好地捕食和生存，慢慢进化出了蹼足，而且在水中生活的时间也越来越长，其中就包括鲸的第一代先祖。

　　鲸的祖先我们称为古代鲸，它们的外形类似鳄鱼，是从陆地往海洋迁徙时的过渡形态。那时，古代鲸的身躯远远没有现在这般庞大，可能与现在的海豚差不多大。古代鲸的生活环境也只是温暖的浅水域，它们或许没有想到，在几千万年以后，自己的后代会成为海洋中的一霸。

后肢消失不见了

　　古代鲸的生活区域渐渐从浅水域转移到了更深的水域。它们为了更好地适应生活环境的变化，身体逐渐发生了改变。而这一过程，花费了 1500 万年的时间。

　　5000 万～ 3500 万年前，古代鲸的皮肤变得越来越光滑，身上的体毛逐渐退化，前肢慢慢变成了鳍状，而后肢更是直接消失了。它们原本圆柱状的尾巴也变成了扁平的尾叶，也就是现在所说的尾鳍。古代鲸的背脊在重组后和演变而来的尾鳍相互配合，可以为它们提供强大的动力。如此一来，古代鲸便可以通过上下摆动尾叶，使自己的身体在水中自由地游动。

🔆 海洋万花筒

　　对人类来说，仅仅在海洋里待上几小时，身体便会发出抗议。炎炎烈日和猛烈的海风都会使我们的皮肤变得粗糙，而且海水中的盐分和过低的温度会让皮肤变得发白、肿胀。但是，同为哺乳动物的鲸却可以长时间待在水里，那是因为经过漫长岁月的演变，它们的身体已经完全适应了水里的生活，尤其是鲸的皮肤。

厚实光滑的皮肤

　　鲸的皮肤非常光滑，体毛几乎退化，也没有明显的角质层，但是它们却十分厚实，可以更好地保护位于表皮底层的敏感细胞，防止水中的盐类由皮肤渗入身体内部。虽然有的鲸依然生活在淡水水域，而有的鲸却生活在深海之中，但是它们的皮肤都承担着反渗透的作用。

　　此外，鲸的皮肤还可以分泌细微的化学物质，从而让它们的身体更适合在水中活动，同时还可以避免产生阻碍前进的漩涡。在鲸的外层皮肤上还隐藏着很多可以感知外界状况的神经，可以使鲸随时感知海水的温度。

🌞 海洋万花筒

　　对人类和其他动物来说，皮肤都是躯体最外面的屏障，它可以随着外界环境的变化而改变，并保护躯体。生活在不同环境中的哺乳动物，它们的皮肤也拥有不同的结构和特点。

有过滤器的须鲸

须鲸没有齿鲸那样发达的牙齿，口中只有一根根垂下的鲸须，这也直接影响了它们的捕食方式。它们通过被称为梳状过滤器的鲸须完成对食物的过滤。现在各种各样的鲸都是由齿鲸和须鲸演变而来。

回声定位的齿鲸

鲸用 500 万年的时间进化出了两种不同的类型，其中一种便是齿鲸。齿鲸和须鲸的区别在于它们的捕食方式不同。齿鲸拥有更为敏锐的听觉和声音系统，我们称之为回声定位。它们主要靠牙齿和敏捷迅猛的身躯来捕捉猎物。

💡 **开动脑筋**

1. 鲸在进化的过程中为了更好地适应水中的生活，还做了哪些努力呢？
2. 鲸的皮肤能感知到水的温度吗？
3. 须鲸会使用回声定位来感知猎物吗？

会变化的喷水孔

　　我们所说的喷水孔，也就是鲸的外鼻孔。除了抹香鲸外，其他鲸的喷水孔都在头顶的位置。鲸喷水孔的位置会随着它们的生长发育而发生变化。

　　鲸在胚胎发育的早期，也就是胎儿刚刚长到 4～5 毫米的时候，它们的喷水孔的位置与其他哺乳动物鼻孔的位置是一致的，而当胎儿长到 20 毫米的时候，喷水孔的位置便会转移到它们的头顶，这种现象是因为鲸的体重和它们在水中的姿势造成的。

🔬 海洋万花筒

　　鲸在进化早期，一些种类仍然保留着后肢，那是它们曾经生活在陆地上的证据。原始鲸的后肢很小，并没有实际的用途。但是陆行鲸（现代鲸的祖先）的前肢和后肢都十分发达，当它离开水域，在地面行走的时候，或许会像海狮那样行动自如。

头重尾轻的鲸

　　动物在水中的时候都会受到自身重力和水的浮力的影响。由于鲸没有后肢，头部又比较重，因此，会有头重尾轻的问题，它们的重心相对靠前。当鲸浮在水面时，它们的头顶露出水面，吻尖却总是位于水下，于是喷水孔只有转移到头顶，它们才可以更为便捷地换气。

奇闻逸事

　　1849 年，在美国佛蒙特州发现了一具神秘的骨骼，由于这具动物的骨骼与当时陆地上的生物都不吻合，而且从来没有人见过如此身躯的动物，因此，当地人请来古生物学家。经过古生物学家的一番研究，发现这具动物骨骼竟然是一头白鲸的骸骨。人们便用发现它的附近城镇的名字将它命名为夏洛特。

　　如今，白鲸的生活区域主要在寒冷的北极水域，而当时这头白鲸的骸骨被发现的地方竟然是佛蒙特州，这里距离最近的海洋足足有 240 千米。原来，夏洛特死亡后，山普伦海侵袭了这里的整片区域。经过漫长的时间，这片区域也渐渐被推高到海平面以上，夏洛特的骨骼也便被人们发现了。

海洋里的巨无霸

如果用体重作为衡量标准的话，蓝鲸绝对可以说是地球上最大的生物。人类曾经捕捞到一头"巨无霸"蓝鲸，它的体长达到了33米，体重更是达到200吨左右。虽然并不是所有的鲸都像巨人一样拥有庞大的身躯，但是它们之中的大个子不在少数。

流线型的身体

鲸的体型有大有小，但不管是大还是小，所有的鲸都具有一些共同的身体特征。首先，鲸的身体都是光滑的流线型，能够减小它们在水中游动的阻力。其次，它们都有一层厚厚的脂肪，我们可以称之为鲸脂，它是用来储存身体的能量和热量的，厚厚的鲸脂还可以减少海水带来的冲击和阻力。在鲸的背部有一个背鳍或可以代替背鳍的脊线或驼峰，它的主要作用是让鲸在水中保持身体的平衡。鲸的胸鳍分别在身体的两侧，用来控制它的行进方向。尾鳍则是为鲸的活动提供动力的。

🔖 开动脑筋

1. 被称为巨无霸的鲸是哪一种呢？
2. 为什么鲸不会被自己庞大的身躯压垮？
3. 鲸依靠什么保持身体的平衡，才不会在水里东倒西歪？

庞大的身体

巨型鲸的出现并不是偶然现象，它们之所以能够拥有庞大的身体，最重要的原因是它们生活在海中，身体有海水的支撑，海水大大削减了庞大躯体带给骨骼的压力。那些生活在陆地上的动物无法像鲸一般自由生长，因为它们的身体被空气包围，如果它们的身体过于沉重，那么它们的骨骼将会受到严重的压迫，甚至可以导致其死亡。

海水的浮力

海水的巨大浮力稳稳地支撑着鲸的身体，这让它们几乎感觉不到自身的重量，而且鲸无稳固庞大的骨头，也没有陆地上的哺乳动物那般复杂的骨架。这种相对简单的骨架同样可以为身体提供动力，鲸也因此能更加轻松地在水中自由生活。

3吨重的舌头

　　蓝鲸是地球上从古至今体积最庞大的动物，仅仅是它的舌头就有3吨重，或许单纯的数据并不能直观地体现出来。那么，换种说法，蓝鲸的舌头相当于一头成年大象的重量。它的心脏更是和小汽车一般大小，它像"马达"一样可以让足足8000升的血液在体内正常循环，人类小孩甚至可以在它的血管中游泳。

奇闻逸事

　　鲸的骨架比陆地上的哺乳动物的骨架要轻巧得多，试想一下，如果一头大象的骨架和一头鲸的骨架重量相同的话，那么会出现什么情况呢？大象很可能永远没有办法站立，因为这种骨架的腿难以支撑大象庞大的躯体。同样可知，一头鲸若是在陆地上生活，鲸的骨架一定会被自身的重量压碎。

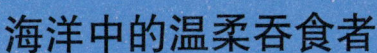

海洋中的温柔吞食者

　　海洋中生活着这样一群特殊的哺乳动物，它们便是鲸。它们虽然有的并不凶猛，但却都是肉食性动物。就连没有牙齿的须鲸也是肉食性的，而且是最大的海洋生物捕食者。灰鲸在捕食时会用大大的嘴巴翻搅海底，从而过滤泥沼中的海底生物，将其吞入腹中。

房间一样大的嘴巴

　　蓝鲸在进食时，嘴巴足可以张得像一个房间那样大，它们只要张大嘴巴，再用力一吸，近百吨的磷虾就都被吞进口中了。想必这也是它们成为"巨无霸"的原因吧！蓝鲸在捕食时可以游相当长的距离，地球上大大小小的海域基本都曾被它们踏足过。其中，生活在南极海域的蓝鲸的体型最庞大，那是因为这里盛产磷虾，而磷虾则是这些大块头最喜爱的食物。

合作的捕食者

有时捕食者之间也会合作，如蓝鲸和长须鲸。它们在遇到一个庞大的磷虾群时，会商量好自己的捕食范围，从而保证每头鲸都能获得食物。但是，这些鲸却不是群居动物，更不是真正的合作捕食的动物。它们只是因为美食而临时集合的猎手。在完成捕食后，它们便会分开。

不挑食的须鲸

须鲸对于送到嘴边的食物从来不会挑拣，它们不仅喜欢滤食浮游生物和磷虾，而且对一些大型软体动物和鱼类也抱有浓厚的兴趣。那么，它们又是如何捕食的呢?

不辨滋味的吞食法

须鲸在捕食时采用的是鲸吞法，采取这种方法的有蓝鲸、长须鲸和布氏鲸。它们不会经常张开嘴巴，只有在瞄准特定的猎物后才会突然大嘴一张。这样一来，猎物连同周围的海水就会被它们一起吸入口中。大块头们满足地闭上嘴之后，便用口中的鲸须将多余的海水全部排出体外。

须鲸的喉咙很窄，直径只有几厘米，最多十几厘米，最大的蓝鲸的喉咙直径也只有10厘米左右。

气泡捕鱼技术

在阿拉斯加附近海域活动的座头鲸群在捕食时，海面会不断冒出泡泡，这是为什么呢？原来，座头鲸群在发现鲱鱼群时，便会由一头或者数头座头鲸潜入海平面以下30米处，它们不断以螺旋状游动，随后慢慢缩小螺旋范围，同时不断从喷水孔喷出气泡。而这些气泡便会不断上升，并且将鲱鱼群包围起来。那些惊慌失措的鲱鱼会全都挤作一团。这也就满足了座头鲸最适宜的捕食条件。

开动脑筋

1. 哪些鲸会合作捕食呢？
2. 座头鲸为什么要在喷水孔喷出泡泡？
3. 哪种鲸喜欢吞食猎物？

参考答案：
1. 逆戟鲸和长须鲸。
2. 逆戟鲸在捕猎时，用气泡将鱼包围起来。
3. 须鲸。

被围捕的鲱鱼群

鲱鱼在水中的动作十分矫健，它们在面临危险时会成群结队地一起逃脱。它们也是鲸的猎物之一。正是由于鲱鱼的这种特性，鲸若是想单独捕食它们，难度十分大，这就要求鲸必须和其他的鲸彼此合作。座头鲸群会利用气泡捕鱼技术困住鲱鱼，然后其中一头座头鲸会发出独特的高音歌声，而后会有其他的座头鲸负责用它们发亮的胸鳍将光线不断反射到鱼群中。如此一来，鲱鱼群会被干扰，它们就难以逃脱了。

鲸在哪里生存

　　鲸的足迹几乎遍布全球海域，但是由于种族差异，它们有的喜欢在大西洋深处潜水嬉戏，有的喜欢在非洲沿海乘风破浪，有的喜欢在阿拉斯加附近的冰山周围与其他的动物玩"捉迷藏"，有的喜欢在温暖的热带海域和伴侣一起甜蜜徜徉。

鲸的适应能力很强

　　鲸对海域的适应能力普遍较强，有些几乎可以在任何海域生活，这些鲸一般都具有顽强的生命力。虎鲸和小须鲸就是最好的例子。虎鲸只要找到适宜生活的地方，它们便欢快得像个孩子，内心十分容易满足。因此，它们的身影遍布海岸线的附近，甚至是赤道到南、北极环境不那么优渥的远洋区。

爱旅行的航海家

　　须鲸是鲸中最爱旅行的航海家，每年都会做长距离的南北迁徙。它们喜欢在冰冷的海域中游泳，也喜欢在温暖的热带海域中悠闲地"泡澡"。所以，它们经常不厌其烦地在两者之间不断往返。

对栖息地情有独钟

　　赫氏海豚对栖息地的要求很高，只有达到了它们的要求，它们才会在那里定居，并且一旦定居，就不会轻易搬家。它们喜欢在新西兰的海岸附近生活，便一直在这里定居。小头鼠海豚也对生活的地域有着深厚的情感，只能在墨西哥的加利福尼亚湾北部海域看到这群可爱的海洋生物。

神秘的海洋世界

　　海洋对人类来说充满着神秘与未知，其实海洋世界的组成也是十分复杂的，它包含了各种各样的栖息环境。一般来说，单单从海洋的表面到一片幽暗的海底便不知有多少的栖息环境和在此栖息的生物，更别说从地球的赤道到两极了。海洋的深浅随着地点的推移不断发生变化，有的地方的海底和海面相差了1万多千米。另外，不同海域的海水温度也是不一样的，大部分赤道海域的海水温度为26～28℃，而在极地附近的海域，海水温度会低到0～2℃。

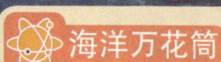

海洋万花筒

　　有一些鲸可以在极其恶劣的环境中生存，曾经有人在南极看到小须鲸将寒冷的冰块放在自己的头上，使身体保持平衡。白鲸和座头鲸的生命力更为顽强，它们可以在厚厚的冰层下生存，而且还能在那样的水域中游动11.6千米以上的距离。在冰层下，若是找不到合适的洞或者缝隙供它们呼吸，它们就会自己在冰层中制造出可以呼吸的洞，尤其是白鲸，它们的身体力量十分强大，可以直接用背部撞碎足有7.5厘米厚的冰层。

外形奇特的鲸

深鲸的种类很多，它们的外形也各种各样，有一些鲸的外形非常奇特，如一角鲸和白鲸。这两种鲸的生活环境相同，都喜欢栖息在北极圈附近的寒冷水域。不只是这些，它们的长相也极为相似，它们没有背鳍，还经常聚在一起活动，可谓"如胶似漆"了。除此之外，还有喙鲸、淡水豚等不同寻常的鲸。

憨态可掬的白鲸

刚刚出生的白鲸幼仔的体色为浅灰色，等它们渐渐长大后，浅灰色也会随之变成纯白色。白鲸的行动十分灵活，大大圆圆的脑袋上有一层厚厚的鲸脂，这也让它们看起来憨态可掬。白鲸喜欢聚集在一起，同伴总是让它们分外有底气。一到夏天，它们便会连同千头以上的同伴，一起到浅滩上捕食，或哺育后代，擦掉自己身上堆积的死皮。

长着怪异牙齿的一角鲸

　　一角鲸幼仔的外表是灰色的，成年之后还会生出黑色或者深棕色的斑点。雄性一角鲸口中长着两颗怪异的牙齿，其中左边的牙齿直接突出到了上嘴唇的外面，最后能长成 2 ～ 3 米、呈螺旋形的长牙，而且这颗牙越长、越粗，代表它在鲸群中的地位越高。如果让两头雄性一角鲸聚到一起，一场激烈的战争总是避免不了的，它们会用自己那颗突出的牙齿争斗。有的雄性一角鲸的两颗牙都能长成往外突出的长牙。

🌀 海洋万花筒

　　喙鲸很少出现在人类世界中，人们对它的了解很少。甚至有很多的喙鲸物种只存在于资料中，没有人见过它们的活体。从事印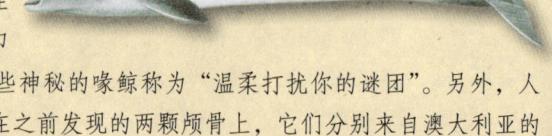度洋鲸研究的格雷汉姆·罗斯博士，将这些神秘的喙鲸称为"温柔打扰你的谜团"。另外，人们对太平洋剑吻鲸的了解，也依然只停留在之前发现的两颗颅骨上，它们分别来自澳大利亚的海滩和索马里的一个碎石堆里。

敏感的喙鲸

　　鲸的种类繁多，其中就连科学家们都知之甚少的鲸便是喙鲸，它们一般生活在遥远的海域，对于人类的存在格外敏感。只要感知到人类时，喙鲸便会立刻将身子潜入水中。出色的潜水能力，能让它们在水中隐匿一个小时甚至更长的时间。喙鲸的长相有些奇特，它们的颅骨是往一边倾斜的，鼻子又长又细。一般雄性喙鲸生长着 2～4 颗下齿。

不同寻常的淡水豚

　　在亚洲和南美洲还生活着一些不同寻常的鲸，它们便是淡水豚。这些淡水豚的体型偏小，就连眼睛也非常小，在水中几乎看不到东西。因此，淡水豚在捕食的时候要依赖长长的喙，它们的喙上带有几排牙齿，在捕食时，牙齿可以快速地咬合，从而让泥河里的鱼无处可逃。

参考答案

1.提示：可在自己的极地海洋图里，画出海洋和其他各种海洋生物。
2.因为喙鲸对人类非常敏感，很难被人类发现。
3.因为它们在争引诱偶一角鲸的注意力。

🖊 开动脑筋

1.你对海洋环境了解多少呢？试着绘制一幅属于你自己的极地海洋图吧！

　　_____

2.为什么人类很少见到喙鲸？

　　_____

3.雄性一角鲸为什么会与同伴打架？

　　_____

最聪明的鲸

在人类的心中，鲸都是非常"聪明"的，它们可以理解人类的意思，甚至可以与人类进行简单的交流。但是所谓的"聪明"真的这样简单吗？不论是人类还是其他动物，聪明都是难以衡量的。对人类来说，聪明可以体现在以下几个方面：解决问题的能力、推理判断的能力、吸取经验教训的能力，以及应对突发事件的能力。那么鲸是不是也是如此呢？

有学习能力的鲸

不可否认，许多鲸都具有非常强的学习能力。以人工饲养的鲸为例，通过与人类长时间的相处，它们可以掌握许多复杂的表演动作。宽吻海豚甚至能够听懂一些人类语言，并且能够根据人类的指令做出相应的反应，甚至连一些语句中的细微不同也可以分辨出来，这也是人们感叹鲸聪明的原因之一。而虎鲸妈妈在教育幼鲸的时候，更是可以将捕捉海豹的技术以及一些逃生技巧完整地传授给它们。

哪种鲸更聪明呢

在人类的认知中，宽吻海豚、糙齿长吻海豚以及虎鲸似乎比其他的齿鲸更加聪明，当然也比须鲸要更加高级，那么，这样说的依据是什么呢？这是因为须鲸的大脑容量相对于它们的体型来说要小得多。但是如果要说鲸到底有多聪明的话，人们是很难发表意见的。因为人们对于鲸的研究并不丰富，很难说鲸的行为到底有哪些是学习后的行为——这也是评价一种生物是否聪明的标志，又有哪些行为是它们的本能行为。

🍵 奇闻逸事

有一只生活在英格兰康沃尔沿海的宽吻海豚，它被人们叫作珀西。珀西的性格温顺，对当地的居民也非常友善，而且还经常帮助渔船上的渔民。每一艘渔船都有诱捕龙虾的笼具，当渔民出发去检查笼具的时候，珀西常常会游在渔船的前面带路，它好像对哪些笼具属于哪艘渔船了然于胸。但是它也有让人头疼的时候，珀西特别喜欢和那些笼具玩耍，在这个过程中，一些笼具的线不可避免地纠缠在一起。有一回，珀西玩得太过火，把几个笼具的线缠得乱糟糟，渔民们不得不找到当地的潜水员，让他们帮忙解开。

聪明温顺的海豚科

在人们的印象中，海豚科的动物都是温顺的，它们对人类总有着莫名的好感，它们会为人类表演有趣的节目，会用大大的脑袋努力向人类传达自己的情感。它们是那样的可爱又聪明！

会领航的鲸

海豚科有一种海豚叫作长肢领航鲸，曾经人类的航海技术还十分落后，有许多渔船迷失在一望无际的大海里。这时，长肢领航鲸出现了，它们为迷路的船员充当向导，让渔船避开暗礁，找到回去的路。

实力强悍的长肢领航鲸

　　虽然长肢领航鲸一直对人类非常友善，但其实它们的攻击力非常强。不仅如此，它们的体型也要比一般的海豚大很多。雄性长肢领航鲸在成年以后，体长可以达到 6 米左右，体重更是能达到 2.5 吨。雌性长肢领航鲸成年之后，体长也有 4.8 米，体重达到 1.8 吨。

　　如果你以为长肢领航鲸仅仅是块头比较大，那就大错特错了，作为齿鲸大家庭的一员，长肢领航鲸拥有很强的咬合力，而且它们的头部一般都很大，也就是说，它们的嘴巴同样可以张得很大。出色的咬合力加上一张"血盆大口"，让长肢领航鲸还有另一个名字——巨头鲸。

奇闻逸事

　　长肢领航鲸的社交性甚高，可以组成达 100 头的群落。它们有时会与宽吻海豚及灰海豚社交。鲸群中既有雄性也有雌性，有关联的雌鲸更愿组成一个紧密的群落，雄鲸则不断变换鲸群。由于雄性死亡率及离群率相对较高，所以鲸群中雌性比例要多一些。整个群落都参与浮窥和尾拍水面活动。一些个体会游上海滩，由于鲸群强烈的家庭观念，故有时会一同搁浅。

鲸中的"闪电侠"

　　一般来说，大大的脑袋肯定会影响到长肢领航鲸在水中的游动速度，因为这个"巨头"会带来很强的阻力。但是由于长肢领航鲸的喙部比较尖锐，而且它们的背鳍又长又宽，如同一把破风的镰刀，这就让长肢领航鲸在水中的阻力降到最小，所以它们也是海洋猎食者中的"闪电侠"。

喜欢带孩子的长肢领航鲸

　　长肢领航鲸在对待子女的问题上与人类相似，雌性长肢领航鲸在幼仔断奶后，并不会立刻让其独自生活，而是会一直照顾孩子到 10 岁左右，这一点是其他动物不能比的。它们恐怕是除了人类以外，对孩子最无私的父母了。

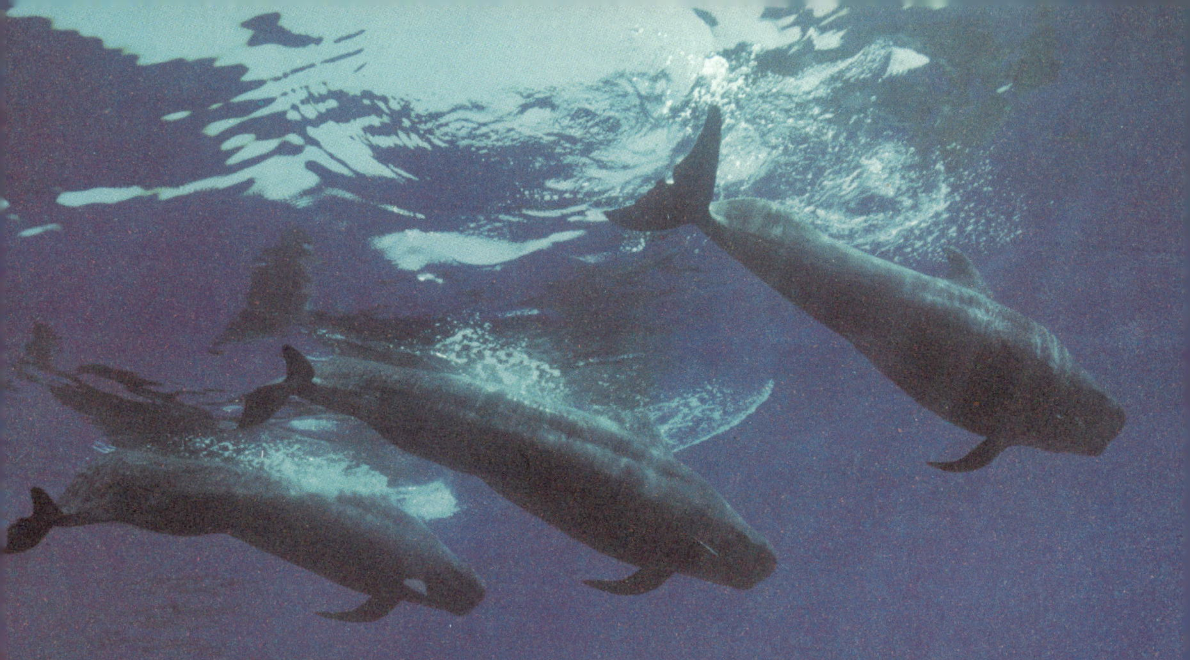

参考答案

1.章鱼。因为它拥有5亿个神经元和超强的计算能力

2.十岁左右

3.海豚会发出一种中频的声音，这使鳗鱼从岩石底下跳出来，海豚就借机捕捉鳗鱼。

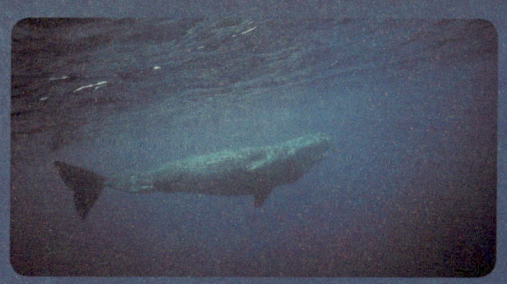

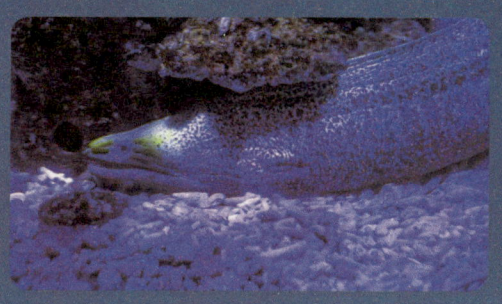

喜欢群居的长肢领航鲸

长肢领航鲸与其他的海豚一样，也喜欢群居，它们经常四五十头聚在一起玩闹、捕食。当它们一起追捕猎物时，总是可以事半功倍。长肢领航鲸对乌贼情有独钟，当没有乌贼的时候，就会拿鳕鱼、大比目鱼之类的打打牙祭。

长肢领航鲸是一种喜欢生活在温带海域以及靠近极地海域的鲸，它们在觅食时，经常会在浅水水域活动，当然，这也可能是因为在这里能够更方便地为人类保驾护航。

海洋万花筒

海豚在猎食躲在岩石底下的鳗鱼时，懂得利用已死的鲉鱼的毒刺将鳗鱼戳出来。抹香鲸对于捕鲸者的传感器十分敏感，它们会躲到传感器探测不到的地方，从而逃过追捕。

开动脑筋

1. 除了鲸外，你还知道哪些聪明的动物？请试着将你的理由说出来。
2. 长肢领航鲸会照顾孩子到几岁呢？
3. 鳗鱼躲在岩石底下，海豚怎么捕捉它呢？

Part 2
鲸的体征

　　不同种类的鲸的外形差异很大，但是它们的皮肤通常都比较光滑，与它们巨大的体型相比，它们的眼睛却显得很小。有些鲸长相怪异，有些鲸长得滑稽可笑。比如，北瓶鼻鲸，它的嘴巴向外突出，还顶着一个又圆又高的额头，看起来十分可笑。

鲸的外貌特征

鲸的种类非常多，数量也十分庞大。而鲸的种类不同，其具有的外貌特征也有所不同。一般来说，它们都具有光滑的皮肤，头顶上有 1～2 个用来呼吸的外鼻孔，也就是我们所说的"喷水孔"。

眼睛小、听觉灵敏

鲸的眼睛非常小，在它们的身上看不到像人类一样的耳朵，有外耳道，但是非常细，它们的听觉十分灵敏。鲸一般有 1～2 个外鼻孔，它们的位置一般在头顶，也就是我们常说的"喷水孔"，有研究表明，鲸的外鼻孔位置越靠后，它们的进化程度也就越高。鲸的前肢是像鳍一样的形状，脚趾没有分开，而且没有爪。它们的后肢随着时间的推移已经慢慢退化，但是从外形上还是可以看出一丝端倪。鲸的尾巴由于要适应在水中的生活，慢慢进化成了现在尾叶的形状。

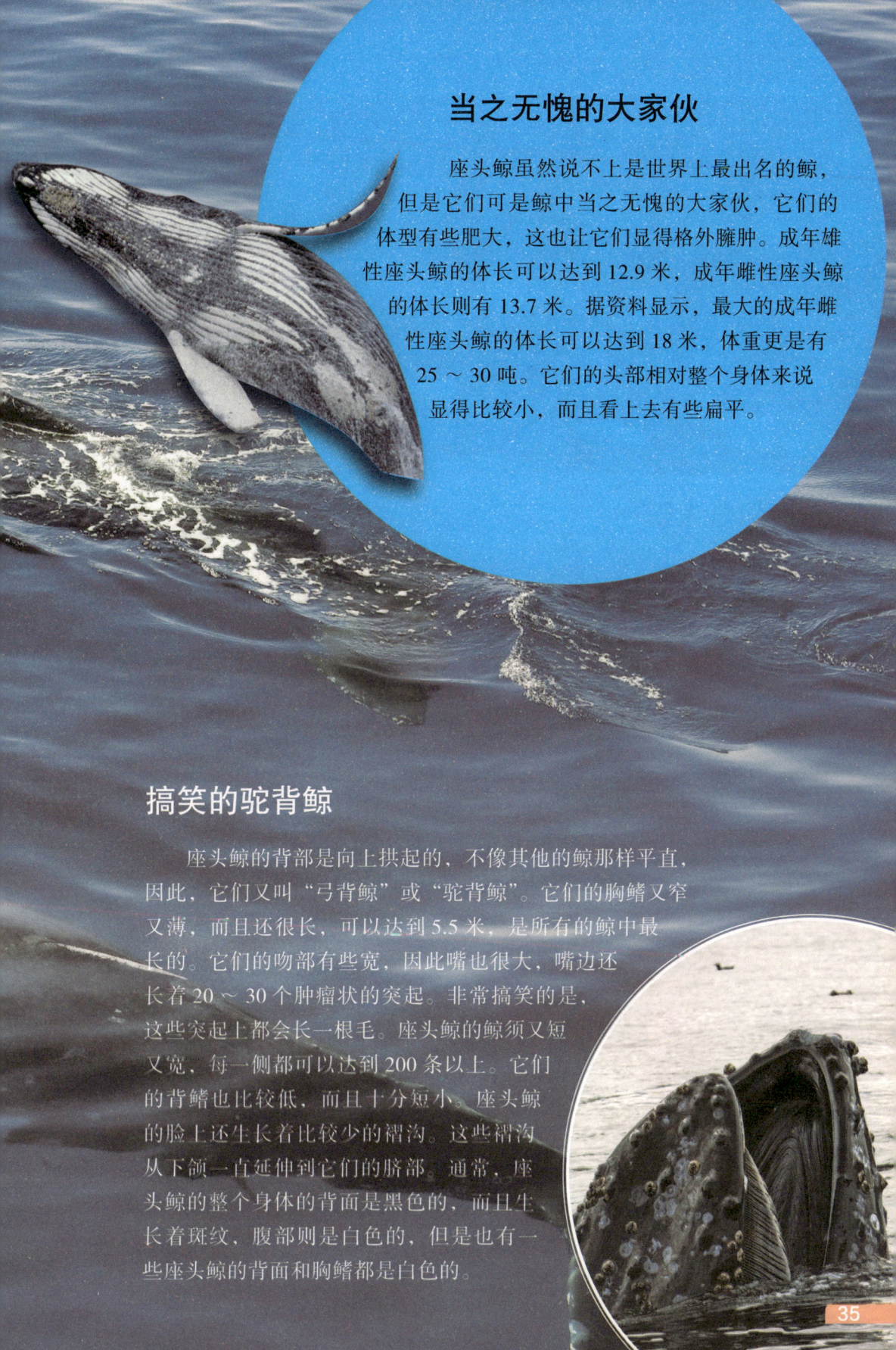

当之无愧的大家伙

座头鲸虽然说不上是世界上最出名的鲸，但是它们可是鲸中当之无愧的大家伙，它们的体型有些肥大，这也让它们显得格外臃肿。成年雄性座头鲸的体长可以达到 12.9 米，成年雌性座头鲸的体长则有 13.7 米。据资料显示，最大的成年雌性座头鲸的体长可以达到 18 米，体重更是有 25 ～ 30 吨。它们的头部相对整个身体来说显得比较小，而且看上去有些扁平。

搞笑的驼背鲸

座头鲸的背部是向上拱起的，不像其他的鲸那样平直，因此，它们又叫"弓背鲸"或"驼背鲸"。它们的胸鳍又窄又薄，而且还很长，可以达到 5.5 米，是所有的鲸中最长的。它们的吻部有些宽，因此嘴也很大，嘴边还长着 20 ～ 30 个肿瘤状的突起。非常搞笑的是，这些突起上都会长一根毛。座头鲸的鲸须又短又宽，每一侧都可以达到 200 条以上。它们的背鳍也比较低，而且十分短小。座头鲸的脸上还生长着比较少的褶沟。这些褶沟从下颌一直延伸到它们的脐部。通常，座头鲸的整个身体的背面是黑色的，而且生长着斑纹，腹部则是白色的，但是也有一些座头鲸的背面和胸鳍都是白色的。

恐怖的杀人鲸

　　杀人鲸也叫虎鲸，它是海豚科中体型最大的一种鲸。成年雄性杀人鲸的背鳍是挺立的，一般高度可以达到 1 ～ 1.8 米，成年雌性杀人鲸的背鳍则可以看出明显的镰刀形，但是高度却只有 0.7 米。杀人鲸的头部稍微有些圆润，喙部并不是特别明显。它们身体的背部一般都为黑色，巨大的尾叶连接的腹部是白色或者浅灰色的，有时还可以看到黑色的边缘。在杀人鲸的每一侧眼睛后上方都可以看到一个白色的椭圆形的斑纹。在杀人鲸的嘴中以及上、下颌都有 10 ～ 12 枚牙齿，它们的牙齿的齿尖都是向内、向后的。虎鲸虽然叫作杀人鲸，其实它们从不吃人类，叫这个名字可能是翻译中的错误。

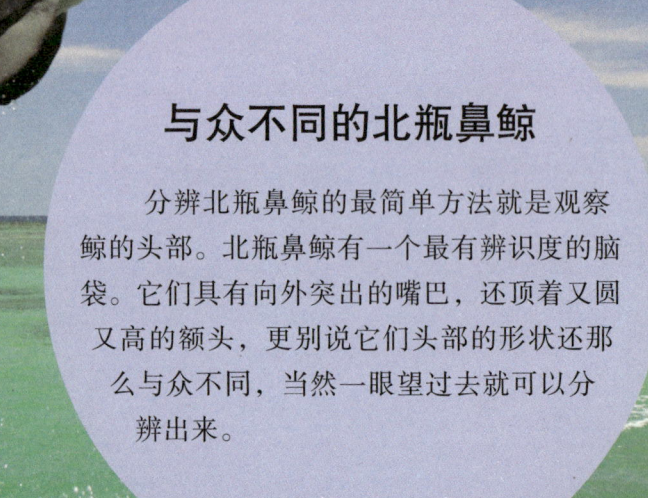

与众不同的北瓶鼻鲸

　　分辨北瓶鼻鲸的最简单方法就是观察鲸的头部。北瓶鼻鲸有一个最有辨识度的脑袋。它们具有向外突出的嘴巴，还顶着又圆又高的额头，更别说它们头部的形状还那么与众不同，当然一眼望过去就可以分辨出来。

镰刀一般的背鳍

北瓶鼻鲸的背鳍有非常明显的特征，它们在游动时，背鳍就像是一把挥舞着的镰刀。北瓶鼻鲸的背鳍生长在靠近尾叶的地方，从尾叶方向看，大约在身体 1/3 的地方。北瓶鼻鲸的胸鳍边缘呈明显的扇形，没有突出或凹陷的地方，只不过长得有些小、笔直，而且十分挺拔。

前额的颜色代表性别

如果你想要知道北瓶鼻鲸的性别，还是只需仔细地观察它们的头部。成年雄性北瓶鼻鲸的前额是白色的，并且它们的形状是往前凸的，非常接近方形。而成年雌性北瓶鼻鲸的前额则是灰色的，并且从正面看更接近于球形。还没有成年的雄性北瓶鼻鲸的前额特点则是处在两者之间。雄性北瓶鼻鲸随着年龄的增长，前额的形状会逐渐发生变化，直到长成成年时的颜色和形状。

特有的伤痕

　　在北瓶鼻鲸的身上经常可以发现椭圆形的伤痕，这些伤痕大多是白色的或者浅黄色的，而且它们会随着北瓶鼻鲸年龄的增长而变大，这些伤痕主要分布在北瓶鼻鲸的腹部和身体的侧面。或许我们可以认为，这些伤痕就是北瓶鼻鲸成长的象征。

　　成年北瓶鼻鲸的背部是灰色的，也有些是褐色的，而它们头部的颜色则显得比较浅。通常情况下，幼年北瓶鼻鲸的体色要比成年北瓶鼻鲸的深许多，几乎可以说是黑褐色的。

好奇心很大

　　北瓶鼻鲸对外面的世界抱有十足的好奇心，但是对它们来说，可不见得是什么好事情。这是为什么呢？原来北瓶鼻鲸经常聚集在一起生活，而且它们成员之间非常团结，如果恰好让它们碰到了捕鱼船，那么很有可能会全军覆没。

特殊的牙齿

　　北瓶鼻鲸与其他的鲸相比，牙齿也是非常特的。如果你能够非常近距离地接触北瓶鼻鲸，就可根据它们的牙齿认出它们，当然在这个过程中一定注意自己的安全。北瓶鼻鲸的下颌上通常会长有两像圆柱一样的牙齿，但需要注意的是，只有雄性北鼻鲸的牙齿才可以长出牙龈，雌性北瓶鼻鲸的牙齿外面看不出来。还有一些雄性北瓶鼻鲸会长出4颗齿，当然也有一辈子没能长出牙齿的。

🔬 海洋万花筒

　　北瓶鼻鲸也被叫作"平头鲸"或"鸭头鲸"，这是因为北瓶鼻鲸的头部和鸭子的头部非常相似，都是方方的。这种奇特的外形也让它们在鲸中变得有名。刚刚出生的北瓶鼻鲸的体长为 3～3.6 米，它们成年后的体长可以达到 7～9 米，有些可以达到10 米。

✏️ 开动脑筋

　　1. 北瓶鼻鲸的头部与什么动物相似？

　　2. 北瓶鼻鲸可能会长出几颗牙齿？

　　3. 成年雄性北瓶鼻鲸的前额是什么颜色？

鲸的身体构造

　　鲸作为哺乳动物，却能成为海洋中的一方霸主，这与它们的身体构造是分不开的。其实鲸的身体构造和许多鱼类非常相似，当然，作为哺乳动物的它们，也与鱼类有极大的差异。

流线型的身体

　　鲸的身体呈完美的流线型，这样的身形可以使它们在水中来去自如。为了最大限度地降低阻力，鲸并没有保留哺乳动物的外形特征——颈部和外耳壳。鲸在水中快速游动的动力来源是它们的尾鳍。鲸的尾鳍发达强劲，是效率极高的"驱动马达"。一般鲸的尾鳍都是水平状，但也有一些为垂直状。鲸在前进时，它们的尾鳍会上下摆动，这一点有别于鱼类。鱼类在前进时，是靠尾鳍的左右摆动提供动力。鲸身上还有两个用于控制方向的胸鳍，以及保持身体平稳的背鳍。

鲸脂可以保持体温

　　鲸之所以能够在水中一直保持自己的体温，是因为隐藏在皮肤下的厚厚鲸脂在发挥作用。鲸脂指的是鲸体内的一层厚厚的脂肪，有一些生活在寒冷海域中的鲸，如北极露脊鲸，它们的鲸脂的厚度可以达到几厘米。鲸脂能够使鲸在寒冷的海水中保持温暖，也可以使鲸自身的温度不容易消散。

喷水是在呼吸

　　与鱼类不同，鲸是没有鳃的，因此在水中活动的它们必须每隔一段时间就要浮上水面进行呼吸。它们的主要呼吸器官就是与人类的鼻孔类似的喷水孔。鲸在水面呼吸时，会打开喷水孔，然后用力地将体内产生的废气（主要为二氧化碳）排出体外，接着它们会猛地吸气，在贮存足够的氧气后，喷水孔便会关闭。鲸就会立刻潜入水中。

Part 2 鲸 的 体 征

重要的"额隆"器官

　　鲸的身躯十分庞大，它们只有借助海水的浮力才能移动身体，它们的骨架也因此变得越来越松散，人们只能从鲸那小小的骨盆中依稀看出它们陆地动物的出身。鲸的大家庭里有一类齿鲸，海豚便是其中一员。在齿鲸的头颅内生长着一个重要的器官——额隆，这个器官是鲸的声呐系统的一部分，也是它们能够适应海底生活的关键。

额隆与声呐系统

　　额隆是鲸的声呐系统中一个发挥重大作用的部件，就生长在它们的鼻道前方、头骨上方的位置。额隆具有非常高的脂肪含量，也被科学家叫作"瓜状脂肪体"。

　　科学家在研究鲸发声的位置时，形成了两种不同的观点：一种观点认为，鲸的发声位置是头部的气囊，在气囊产生振动后，再通过鲸的额隆传播出去；另一种观点认为，鲸的发声位置是它们的喉部，当它们发出声波后，再经由额隆聚拢起来，传播出去。在这两种观点中，都体现了额隆在声音传播上的重要作用。这也就意味着，额隆是声波从产生到传播的必经之地。

🎇 海洋万花筒

　　鲸的尾鳍是水平的，它们在这一点上与其他的海洋哺乳动物一样，这是因为它们每隔一段时间就必须要浮到水面进行呼吸，而水平的尾鳍能让它们更轻松地浮出水面。

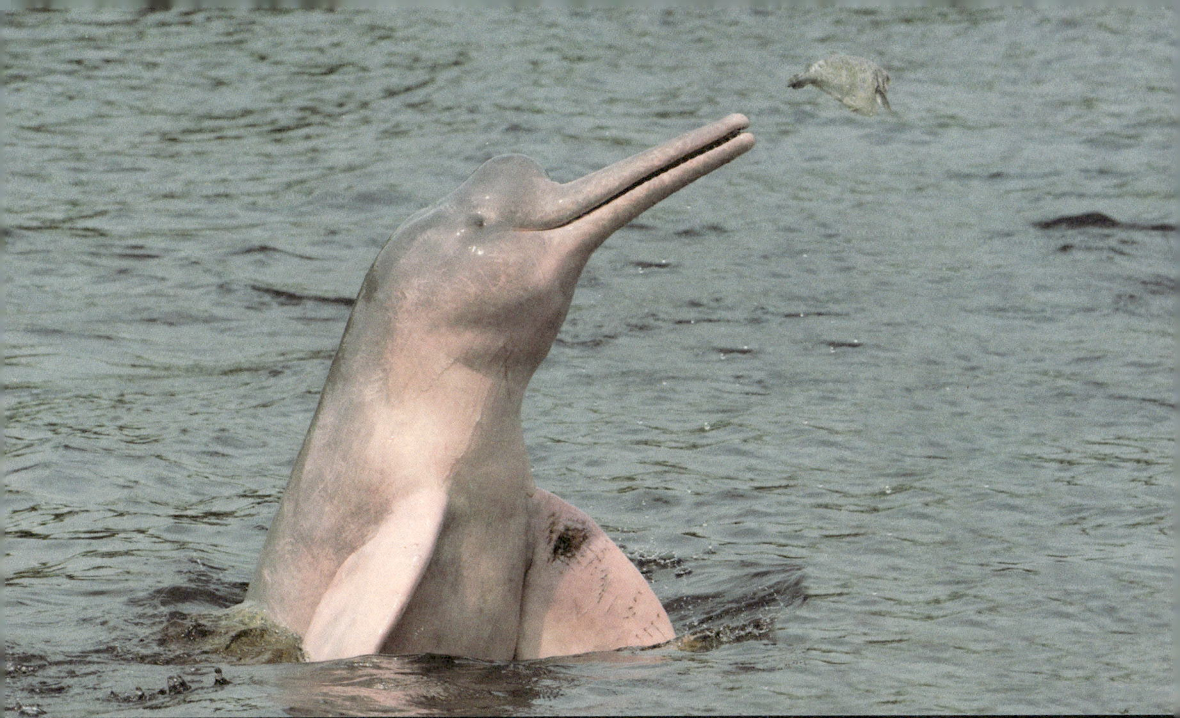

白鱀豚神奇的额隆

在白鱀豚的头部上方有一个比较特殊而且非常有弹性的隆起，这个隆起被科学家们称作额隆，这个部位是它们可以进行回声定位的关键所在。白鱀豚的声呐系统被人们称作"水中活雷达"，其精准性足以让每一位科学家为之兴奋不已。那么，让我们详细了解一下白鱀豚神奇的声呐系统吧！

💡 开动脑筋

1. 白鱀豚的声呐系统被称作什么？
2. 鲸的哪一个器官对声呐系统起到重大作用？

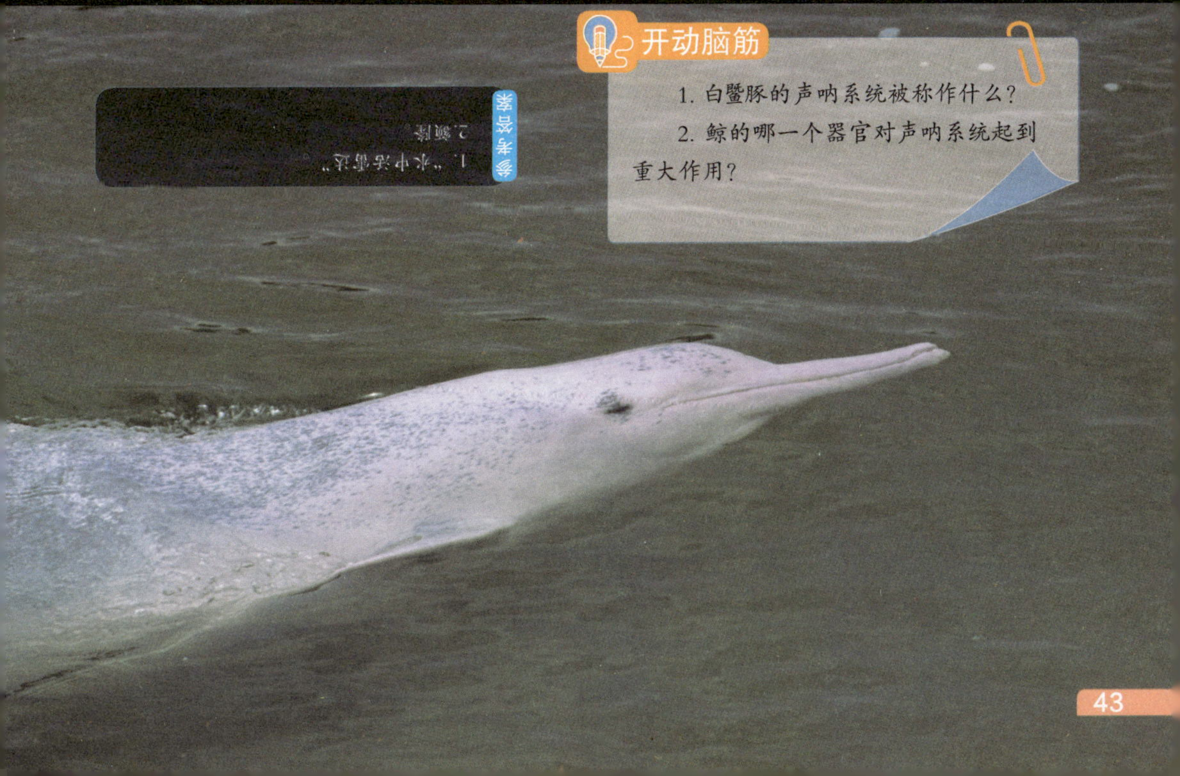

对白鱀豚额隆的研究

　　白鱀豚的额隆类似于人类的额头，只不过它们的"额头"太过于突出了，也就是我们俗语所说的"大奔头"。

　　1980年4月25日，安徽省的一位渔民在铜陵江附近打鱼的时候，不小心捕获了一只雌性白鱀豚。这只白鱀豚的身体足有2.06米长，体重更是达115千克。当时一些研究人员对这只白鱀豚的额隆进行了全面的研究。他们在取出其重量为115克的额隆后，分析了它们的主要成分，最终研究人员认为，额隆与白鱀豚的回声定位有着非常紧密的联系。

额隆对声呐工程的贡献

　　中国科学院的一些研究员通过研究在湖北沙市附近捕获的一只雄性白鱀豚的额隆发现，额隆对白鱀豚声波的形成有着重要作用，从而在声呐工程方面取得了重要突破。研究主要认为：白鱀豚的额隆有着非常好的声音传导功能，并且可以让声波聚集，在白鱀豚发射声波的时候，额隆发挥了重要的作用。白鱀豚的发声位置是鼻道，当一段声波产生后，通过额隆又被进一步聚集起来，这也增加了声音的穿透力。

白鱀豚的声呐系统

白鱀豚的声呐系统足以被认为是自然界的一个奇迹。在《中国名贵珍稀水生动物》一书中还对白鱀豚的声呐系统有过这样一段介绍："白鱀豚被水冲散后能用高频率声波在几千米、甚至十几千米以外联系。"虽然这段介绍并不符合科学的严谨性，但是却在一定程度上肯定了白鱀豚声呐系统的精准定位功能。

海洋万花筒

在所有的鲸里，最会潜水的莫过于抹香鲸和柯氏喙鲸，它们是出色的潜水专家，潜水的深度也是所有鲸中最深的。抹香鲸在下潜时，喜欢垂直下潜，通常可以下潜到394米，体型最大的雄性抹香鲸能下潜到3000米的深度。柯氏喙鲸的日常潜水深度达1000多米，最深潜水纪录达2992米，潜水时间长达137分钟。

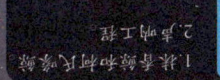
开动脑筋

1. 最善于潜水的鲸是哪两类？
2. 受白鱀豚额隆构造的影响，研究人员在哪项工程中取得重要突破？

鲸这样游动

鲸虽然是哺乳动物，但它们却常年生活在海洋之中，由此可见，游泳对它们来说也应该是一件轻松的事情。其实不然，鲸的身形和体重让它们在水中的活动变得艰难起来，它们在游泳时需要耗费巨大的能量。

鲸会制造"层流"

鲸为了使自己的游动速度变快，经常会制造"层流"，从而使运动时的阻力减到最小。"层流"指的是平滑、顺畅的水流层，它与周围的水流有着不同的流动速度，因此被"层流"包裹着的鲸，在游动时能够达到最快的速度。

鲸在游动时，它们那流线型的身体和光滑的皮肤便派上了用场，配合着两个强而有力的尾叶，能让鲸的行动处于最省力的状态。鲸的尾巴在其中发挥着最为重要的作用，尾巴上下摆动间，可以为身体周围制造出顺滑的"层流"，为鲸前进提供充足的动力。

优雅的游动姿态

当鲸在水中游泳时，仿若一个优雅的舞蹈家，它们的每一种姿态都显得淡定从容。无论是向前还是突然停下，左右摇摆还是猛然加速，甚至就连需要身体翻转的仰泳，它们也不会透露出一丝粗鲁和急躁。它们在游动时主要靠摆动胸鳍来控制自己行进的方向，靠背鳍使巨大的身体保持一定的平衡。为了使自己更加轻松省力，它们总是一副钦差大人的模样，在海面四处巡游。如果想要快速前进，鲸就会尽可能地让尾段弯曲，用尾巴更加有力地拍打水面。

高超的下潜本领

若是你没有在海面附近发现正在巡游的鲸，那么它们一定就是到海底深处觅食了。鲸潜水的时间长短是由它们的种类决定的，有的鲸天生就是潜水专家，有的却只能潜 10 秒就必须到水面透气。鲸在下潜的时候一共有两种姿势：直线下潜或倾斜下潜。它们可以一下子潜入很深的海底，并且在下潜的过程中始终保持憋气状态。

喜欢跳跃的原因

鲸为什么会经常跃出水面呢？有些科学家猜测，这是它们传递消息的一种方式。这样的跳跃可能是为了警告入侵到它们地盘的人类或其他动物，也可能是为了向同伴传达求救的信号，或者仅仅是为了表达自己兴奋的心情。当然，这种行为也可能会让鲸群更加团结友爱。

喜欢跳跃的鲸

鲸在跃出水面的时候，常常喜欢加上高难度的动作，这让它们的身体显得灵活又优雅。而在鲸中，最喜欢跳跃的莫过于座头鲸。这些长约 17 米、重达 28 吨的家伙会突然从平静的海面跳出来，长长的身子在半空中硬是来个 180 度的大转弯，随即光滑的背部落到水面，激起一阵汹涌的浪花。

跳跃时的身体细节

　　像座头鲸那样的跳跃"表演"，大多数的鲸都可以轻松完成。体型巨大的鲸，在跳跃时一般会先露出 2/3 的身体，然后等到时机成熟后，突然翻转腹部或背部，让巨大的身体扑通一声落回水中。体型较小的鼠海豚和海豚在"表演"时会完全跃出水面。有一些海豚，如暗黑斑纹海豚、长吻原海豚，则会在跳出水面时加上一些舞蹈动作，让自己的"演出"更加完美。

海洋万花筒

　　游动速度最快的鲸是多尔鼠海豚，它们的体型小巧，在游动时可以紧紧贴着海面，每小时的行进速度可以达到 56 千米。在巨型鲸中游动速度最快的是塞鲸，它们的时速可以达到 38 千米，这与多尔鼠海豚相比，可能慢上很多，但是要知道，普通的巨型鲸每小时的平均游动速度只有 1.6 ～ 8 千米。

喜欢旋转的长吻原海豚

　　每一只长吻原海豚都有自己专门的旋转方式，通常它们在旋转时都会发出一声咆哮，在结束旋转的时候，尾巴会猛烈地拍打水面，制造出巨大的声响，在水面留下一层密集的泡沫。有的科学家认为，这可能是它们的一种声音标记的方式，通过咆哮和拍打水面、留下泡沫，可以让其他的海豚得知它们这支队伍的规模。

🗂 奇闻逸事

　　在夏威夷群岛附近生活着一群长吻原海豚，它们常常夜晚在瓦胡岛附近的一处海湾觅食，早上准时来到夏威夷群岛的近海沿岸。中午的时候，它们会在这里悠闲地休息，然后便会活泼地、成群结队地跃出海面。长吻原海豚会用自己的头部、背部和身体欢快地拍打水面，然后像鲑鱼一样腾跃而起，最后采用倒置式跃出水面。当然，它们还会临时兴起在空中旋转舞蹈。它们在跳跃旋转时，可以连续转四五次，有时甚至可以转20多次。

喜欢跳跃的群居鲸

　　作为喜欢与同伴聚集在一起的虎鲸，它们无论是一起生活，还是外出旅行或捕食时，总是非常活泼，而它们最喜欢做的事情就是一起从海面跃起，然后再一起落入水中，这似乎是它们增进感情的方式之一。

🔬 海洋万花筒

　　蓝鲸虽然是海洋中的巨无霸，它们的生存有时候也会受到威胁。蓝鲸有两种天敌，一种是虎鲸，另一种就是人类。虎鲸有个别名叫"逆戟鲸"，光听名字就觉得这种鲸十分凶猛。的确如此，虎鲸被认为是海洋食物链的顶级掠食者，它们拥有十分广泛的食性，对吃的东西几乎不怎么挑。可能有人会质疑了，成年的虎鲸体重一般在 4～6 吨，它们怎么可能捕杀比自己重五六倍的蓝鲸呢？这就与虎鲸喜欢群居的习性有关，一头蓝鲸往往会被几十头虎鲸一起围攻，蓝鲸即使再强大，也只能饮恨了。

✏️ 开动脑筋

　　1. 蓝鲸的天敌是哪两种生物？

　　2. 长吻原海豚为什么要旋转呢？

　　3. 虎鲸为什么喜欢从海面上跃起？

参考答案

1. 虎鲸与人类的天敌
2. 为了与同类交流
3. 因为这样可以增进它们与同类之间的感情

鲸的性别之分

鲸作为哺乳动物，也是有性别之分的，那么人类可以通过什么方法辨认它们的性别呢？原来鲸的种类不同，性别辨认的方法也不相同。有些方法可能对其中的几种鲸适用，有些可能仅仅适用于某一种鲸。

如何区分鲸的性别

对恒河豚来说，从它们的外观上就可以很容易区分它们的性别，恒河豚的雄性和雌性之间有着非常明显的"异形"现象，也就是说雄性恒河豚和雌性恒河豚的长相不同。当恒河豚的体长达到 1.5 米左右的时候，雄性恒河豚的喙部就不再生长，而雌性恒河豚的喙部仍可以继续生长，直到喙部长到大约 20 厘米长的时候才会停止生长。这样一来，人们只要仔细观察恒河豚的喙部就可以知道它们的性别了。

特殊长相的一角鲸

拥有特殊长相的一角鲸，我们也可以从它们的外形上分辨它们的性别。原来一角鲸这个名字主要是指雄性一角鲸。科学家发现，在一角鲸中，只有大约3%的雌性一角鲸拥有长牙，而且就算长了长牙，它们也要比雄性一角鲸的长牙短。只要观察一角鲸的长牙，就可以区分它们的性别。

鳍肢变化的含义

我们不仅仅可以通过观察一角鲸的牙齿辨认性别，还可以观察它们的鳍肢，雄性一角鲸的鳍肢会随着年龄的不断增长逐渐向外弯曲，最终形成拱形，而雌性则不会。

Part 2 鲸 的 体 征

雄鲸更擅长交际

鲸的性别不同，通常也会展现不同的性格。由于雄鲸有一定的求偶需求，它们通常会比雌鲸表现得更擅长交际。尤其是到了交配的季节，雄鲸更是成为"社交小王子"。

奇闻逸事

　　由于雄性长吻原海豚出众的社交能力，它们的种群数量也达到了巅峰。一直以来，长吻原海豚便是豚类中最大的群体。2003年，人们发现仅仅是生活在东太平洋的长吻原海豚就高达61.3万只。

喜欢交流的长吻原海豚

　　长吻原海豚本来就是所有鲸中最喜欢交流的种群，它们中的雄性就更不用说了。一般来说，雄性长吻原海豚的身体要比雌性长吻原海豚的稍微长一些，这也让它们在雌性面前更具吸引力。雄性长吻原海豚只要遇到想要交往的对象，它们就会通过"喋喋不休"的方式引起雌性的注意，在搭讪之后，就会展开更加猛烈的攻势，这时的它们也是话最多的。有人甚至还曾看见过雄性长吻原海豚和瓜头鲸、虎鲸等其他种类的鲸一起同游。

雌鲸是怎样哺乳的

　　鲸的性别不同，它们承担的责任也不同，这样一来，它们的身体也会呈现一定的区别。鲸是在海洋中生活的哺乳动物，因此，雌鲸自然就承担起孕育后代的责任，它们为了可以用乳汁喂养幼鲸，像其他的哺乳动物一样生长着乳房，但是由于鲸是在海洋中完成哺乳的，雌鲸的乳房也就与其他哺乳动物的不同，它们的乳房隐藏在腹部的一条缝隙中，当幼鲸要喝奶时，就需要在母鲸的引导下完成。而雄鲸当然就不会有这样的责任了。

会表演的座头鲸

　　雄性座头鲸在遇到心仪的雌性时，就会展现自己最具魅力的一面。它们除了会对着雌性座头鲸演唱优美动人的歌曲外，还会展开一场独特的水上表演：它们会不断地翻滚身体，并用胸鳍、尾叶拍打水面，从而在水面激起阵阵水花。

温和友善的露脊鲸

　　露脊鲸在所有的鲸中性格也是比较友善的。当雄性露脊鲸需要求偶时，则会表现得更加明显。雄性露脊鲸会在雌性露脊鲸面前充分展现自己的良好态度，在得到雌性露脊鲸的青睐后，它们会用鼻子轻轻地在雌性露脊鲸身上爱抚。雌性露脊鲸抵挡不了雄性露脊鲸的不断示好，而且好脾气的雄性露脊鲸总是更容易获得与雌性露脊鲸独处的机会。

雄鲸社交能力的考验

　　雄鲸在一生之中会拥有很多不同的配偶，因此，这对它们的社交能力也有着极大的考验。擅长交际的雄鲸总是可以轻易获得雌鲸的好感，而这也对它们的种族繁衍有着非常有利的影响。

开动脑筋

1. 雄鲸和雌鲸，哪种鲸更擅长交际？
2. 哪种鲸在求偶时比较友善？
3. 座头鲸通过哪种方式来求偶？

参考答案
1.雄鲸
2.座头鲸
3.唱歌和表演

Part 3
鲸的感觉器官

鲸并非鱼类，与人类一样，它们也是用肺呼吸。鲸拥有触觉、听觉、味觉、嗅觉和视觉 5 种感觉器官，它们有独特的使用方式。鲸还喜欢长途旅行，从广阔的太平洋到寒冷的北极，都有它们长途迁徙的身影。

感觉器官

鲸常年生活在海洋中，它们的感觉器官的使用方式也与众不同。鲸的听觉可以使它们同时"看到"和"尝到"自己的所在地。

光滑的皮肤

鲸的皮肤十分光滑、体毛很少，上面布满了数不清的感应器，这也让它们能感受到最轻微的触碰。对生活在海洋中的鲸来说，它们通常会利用皮肤的敏锐触觉感受身边的水压，判断自己潜入海底的深度，或者测量出自己在水中的游动速度。鲸的触觉发达得甚至可以通过皮肤就能感受到海流非常细微的温度变化。

鲸的嗅觉

鲸的嗅觉器官和其他哺乳动物的不同，鲸没有鼻子，只有一对喷水孔，喷水孔上长着鲸须，鲸通过鲸须上的感觉细胞，可以感知深海中的各种气味。通过这种特殊的气味感知，鲸不仅可以判断自己周围是否有食物、其他的鲸等，还可以利用气味进行交流，如发出求偶或者警告信号等。

喜欢被触摸的鲸

　　拥有如此发达的触觉，也就让鲸更加喜欢被触摸，灰鲸便是如此。小灰鲸常常会依偎在母亲的怀里，感受母亲温柔的抚摸，而且它们还喜欢将身体靠在船身上来回磨蹭。而最喜欢相互触摸的鲸则非海豚莫属了。它们的触摸不仅仅局限在母子之间，在与同伴一起游泳时，它们也会紧紧依偎着对方的身体，用鳍部轻轻碰触同伴，或者直接热情地用嘴巴接触对方，这也使海豚成员间的关系更加亲密。

🌼 海洋万花筒

　　蓝鲸最喜欢的食物是磷虾，而一头成年的蓝鲸为了填饱肚子，每天要吃下多达 4000 万只磷虾。这样大的食物需求，蓝鲸又是怎样完成捕食的呢？原来它们的下颚尖端上有个特殊的器官——触须，可以帮它们用最快的速度找到猎物。利用这种触须，蓝鲸可以很轻松地知道磷虾群的密集程度，并且还可以分辨出磷虾群最密集的地方。这样一来，蓝鲸只需要在适当的地方大口一张，再用力合上嘴巴，大量的食物就直接被蓝鲸吞吃下肚了。

鲸的味觉

鲸的舌头上布满了无数的小味蕾，当鲸吞下一口海水时，便可以精准地了解海水中的盐分。须鲸在追捕猎物的时候，更是可以根据猎物排泄物的味道得知猎物是磷虾还是鱼类。它们在确认猎物之后，只要沿着排泄物的踪迹，就可以轻松地找到猎物。

鲸在海底时的视觉

人类经常会在海中潜泳，若是想在海底看得清楚，就必须戴上潜水镜。鲸就不用如此麻烦，因为在鲸的眼睛中有一个神奇的晶状体，它可以任意变形，还可以适应各种环境。这种晶状体不仅可以在水中发挥作用，当鲸浮出水面的时候，它也不需要戴太阳镜。

特殊的听觉以及回声定位系统

　　鲸生活的海底世界犹如一个巨大的菜市场，充满着嘈杂与混乱：数百万种不同的生物发出的频率不同的声音，风裹挟海浪的声音，船只的螺旋桨和引擎发出的呜呜声。除此之外，还有鲸的歌声。鲸即便是在这样杂乱的环境中，也能快速辨别出自己同伴的声音，而且因为海水对声音有良好的传导性，鲸能够听到几百千米之外传来的动静。

　　鲸有自己特殊的回声定位系统，这时，它们超强的听觉便派上了用场。如此一来，它们就可以在黑暗混沌中找到方向。在所有的鲸中，齿鲸的寻路本领最出众，而齿鲸中的代表便是海豚了。

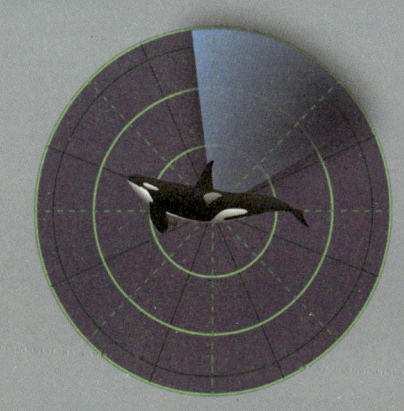

　　海豚为什么会有这样出色的本领呢？那是因为它们的嘴部上方的头颅里有一个特殊的脂肪组织，也就是我们所说的"额隆"，这个神奇的组织可以让海豚精准而迅速地接收回声定位的声波。当海豚需要进行回声定位的时候，它们会向特定的方向发射出声波，当这种声波碰到障碍物的时候，便会反射回海豚的方向，接收了声波传来的信息后，海豚的大脑会直接将信息解析，然后计算出障碍物与自己的距离，以及障碍物的大小和性质，并且大脑内还会直接生成一幅"听觉"所描绘出的画面。

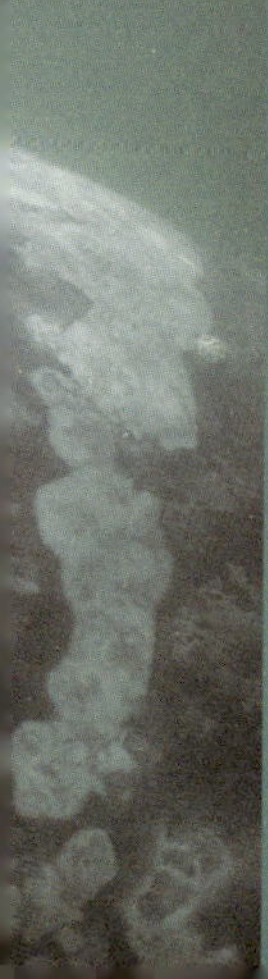

回声定位系统的重要性

　　回声定位系统指的是可以向外界发出声波，并且接收传回的声波的系统。对齿鲸来说，这套系统可谓至关重要。不管是追捕猎物还是寻找同伴，回声定位系统都发挥着主要作用。凭借回声定位系统，海豚可以根据接收到的声波，在大脑中构建出一个声频的图像，这一点类似声频的 X 射线图像，从而可以判断出自己所处的环境以及身边的障碍物信息等。

奇闻逸事

　　鲸在捕捉食物时总会用到回声定位系统，而且齿鲸在使用回声定位系统确定猎物的位置时，猎物很可能因被声波影响而直接晕眩，进而无法移动，甚至有时可以直接将猎物置于死地。若是想达到这样的效果，那么就需要齿鲸一下子发出大规模的、尖锐的、高频率的声音。只有这样，声波爆发时所产生的冲击力才可以使猎物失去平衡，或者直接破坏猎物自身的感官系统，使其丧失对环境的判断，从而更容易被捕获。

　　一向温顺的宽吻海豚在捕捉鲻鱼时，便会爆发出如此尖锐的声音。而虎鲸在追捕鲑鱼时，也会发出这样尖锐的声音。根据人类所搜集到的资料显示，在所有的鲸中，一角鲸在利用回声定位系统时发出的信号声最大，所以，它们或许也可以发出这样尖锐的声音。

回声定位系统的应用

冰海中生活着这样一群可爱的鲸，它们便是白鲸。由于白鲸生活的环境十分特殊，它们在追捕猎物的时候，回声定位系统就派上了大用场。它们先是向四周发射出一阵低沉的、断断续续的声波，然后根据反射回来的信号确定猎物的位置。当它们发现猎物的踪迹时，便会直接向其游过去，在这个过程中，白鲸发出的声波会越来越快越来越尖锐，最后变成连续的嘎吱声。

白鲸群居

海洋万花筒

一角鲸的长牙是它们的一种感知器官，长牙的牙釉质层上布满了孔隙，有细管通向内部，牙髓里有很多神经末梢与大脑相连，对海水温度、压力和盐度变化异常敏感，可以帮助雄性一角鲸寻觅食物、呼吸孔和雌鲸。

开动脑筋

鲸用来定位回声的器官，位于哪个部位？

A.腹部　　B.尾部　　C.头部　　D.背部

呼吸、潜水和换气

　　与其他的海洋动物不同，鲸作为哺乳动物是用肺呼吸的，这也就意味着它们不能像其他海洋动物一样肆无忌惮地在海底活动，那么它们在水中是如何呼吸、潜水和换气的呢？

鲸呼吸时的特点

　　不同种类的鲸在呼吸时具有不同的特点。体型偏大的鲸在用喷水孔呼吸时，一般会发出轰隆的巨响，并且这个声音是突然发出的，然后它们就会立刻吸气，在吸到充足的氧气后，它们就会潜回水中。体型小巧的齿鲸则不会如此，它们在呼吸时不会弄出巨大的声响。所有的鲸在呼吸时都有一个共同的特点，那就是它们必须将头部——喷水孔所在的位置浮出水面，空气中的氧气会随着喷水孔的开合不断被鲸吸到肺部。

🔬 海洋万花筒

　　鲸的肺比较大，但呼气却非常快。即使是蓝鲸，它换气也只需要几秒钟。而且鲸的体型越小，换气速度越快，如海豚，换气只需要一秒钟。

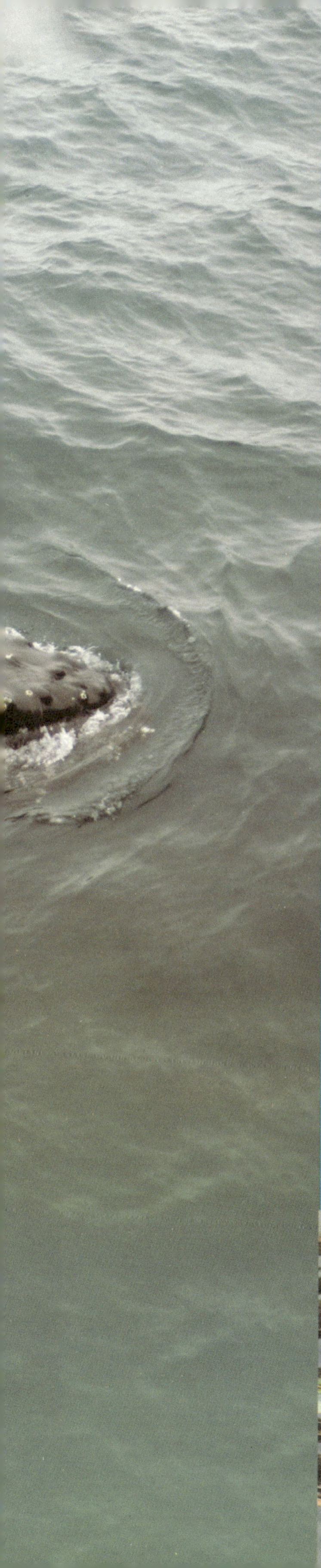

鲸呼气时的水柱形状

　　有些鲸在呼气时会发出巨大的响动。鲸在呼气时喷出的水柱是由空气、水蒸气和它们体内的黏液组成的，就好像它们打了一个大喷嚏。每种鲸喷出的水柱形状都是不同的。例如，长须鲸喷出的水柱是一道笔直的竖线。抹香鲸则是朝着身体左边喷射水柱。神奇的是，还有一些鲸能够喷射出"V"形的两条水柱。

有意识的主动呼吸者

　　鲸可以有意识地控制自己的每一次呼吸，它们可以自主选择自己呼吸的时间，属于主动呼吸者。这一点与人类和其他的动物不同。人类每时每刻都暴露在空气之中，随时随地进行着无意识的呼吸，属于被动呼吸者。鲸的种类不同，呼吸的频率也有所不同。例如，在海面休息的鳁鲸的呼吸非常缓慢，这也符合它们那温吞的性格。而在海洋中破浪前行的鼠海豚的呼吸十分急促，这或许是因为它们好动的性格。由于鲸是主动呼吸者，所以当人们为这个大家伙动手术的时候，便不会让它彻底进入沉睡状态。

睡眠的鲸可能会淹死

因为鲸不能像人类一样被动呼吸，如果它们像人类一样陷入长时间的睡眠，就会有被淹死的危险。所以，鲸必须让自己身体的一部分保持清醒的状态，以确保自己不会进入深度睡眠。这样的话，鲸即便是在睡着时，也可以保持正常的呼吸。

奇闻逸事

鲸在睡觉时会睁一只眼闭一只眼，一半大脑陷入沉睡，另一半大脑保持清醒，这也是鲸的独门绝活。为了让自己在休息时更加安全，海豚在睡觉的时候会聚集成一个紧密的团体，并且会围成一个圆圈不断游动。它们会用睁开的那只眼睛仔细观察着队伍里的其他同伴，只要发现同伴呼吸异常，便会发出警告。过一会儿后，它们又会换成另一只眼睛，让另一半大脑也得到休息。鲸的整个大脑就是这样分开休息的，只有这样，它们才可以做到不停地呼吸，确保自身的安全。

会闭气潜水的鲸

鲸在潜水的时候会屏住呼吸，但并不是所有的鲸都可以长时间地憋气，例如，到浅水水域猎食的海豚就仅仅能憋气10秒。而必须前往深海觅食的抹香鲸则可以憋气两小时。或许你会觉得，这是因为抹香鲸的肺部比较大，但是相对于鲸的体型来说，它们的肺只占很小的一部分。其实，它们可以长时间的憋气，是因为它们每一次的呼吸都非常有效率。鲸一次呼吸就可以将肺部80%的浑浊空气更换成新鲜的空气，而人类却只能更换25%。

海洋万花筒

早在很久之前，在陆地上生活的鲸的呼吸方式就已经满足在水中生存的条件了。它们用来呼吸的喷水孔就长在头部上面，而且还可以自主关闭。不得不说，这为鲸以后在水中的生活提供了可能。

开动脑筋

1. 为什么鲸可以一直游到很远的地方呢？
2. 鲸脑内的脑油器是做什么用的？
3. 鲸可以在水中屏住呼吸多久呢？

参考答案

1.图为南半球巨头鲸在进食时间。
2.脑油器。
3.海豚只能屏气10秒，抹香鲸可以屏气约小时。

呼吸时身体内部的变化

顾名思义，鲸体内的脑油器是用来贮存脑油的器官，它是一个蜡状的软垫，而鲸的一侧鼻腔通道穿过了它。当然，鲸在呼吸时，是用另一侧鼻腔呼吸。脑油器的蜡状物在鲸的正常体温下是可以自由流动的，而且这时的状态要比固态时更轻。

长时间下潜的准备

有些鲸在水中可以屏住呼吸长达一个半小时，这与人类相比，时间要长得多，人类在水中只能坚持大约3分钟。当鲸在准备潜入深海时，它们就会更加卖力地深呼吸，经由喷水孔进入的氧气会直接储存在鲸的血液中。

排出浑浊空气

鲸在水面呼吸时，从喷水孔喷出的巨大水柱是它们浮出水面后从身体里排出的浑浊空气，只不过水柱的形状比较像喷泉而已。鲸体内的空气，由于高度和压力的变化，在喷出后渐渐地膨胀起来，里面所包含的水分就会成为小小的水滴状。而鲸的种类不同，它们喷出的水柱也有所不同，人们可以通过这一特点区分鲸。

下潜和上浮的变化

当鲸在水中活动，冷水通过鼻腔通道排出时，就会让蜡状物变成冷却的状态，重量也因此变重。而当鲸浮出水面呼吸时，冷却的蜡状物在血管温度的加热下（一直达到正常的体温），便又会变回可以流动的液体状态。

用唱歌的方式交流

鲸是海洋生物中有名的歌唱家，它们会在海中发出各种各样的声音，有时是钟表的嗒嗒声，有时是小鸟的啾啾声，有时是老鼠的吱吱声……当然，它们发出的声音还是以美妙的歌声为主。

来自海底的美妙之歌

鲸中有许多喜欢唱歌的艺术家，不仅仅是齿鲸，须鲸也是如此。座头鲸非常喜欢在海底举行长时间的演唱会，但是雌性座头鲸不会唱歌，只有雄性座头鲸才会为它们的"爱人"献上真诚、优美的歌声，它们是鲸中唱歌时间最久的，也是曲风最复杂多变的。它们的一首歌就可以持续数小时，演唱时还会随机变换风格，灵活增加不同的歌曲小节，随着唱歌时间的延长，它们的歌曲版本还会发生变化。偶尔会直接删去其中的几个小段，或者增加新的小节。这些都是鲸研究专家借用水诊器，也就是"海底麦克风"搜集来的信息。专家发现鲸在交流时所发出的声音与歌曲的旋律十分相似，于是便将鲸之间交流的声音称为"鲸歌"。

雄鲸求偶的秘密武器

　　歌声是雄鲸求偶的秘密武器，它们遇到心仪的雌鲸时，会借助嘹亮高亢的歌声吸引雌鲸的注意，进而与雌鲸"搭讪"。当然，有时爱之歌也会变成争斗之歌，它们会用激昂的歌声赶走讨厌的竞争对手。

📖 奇闻逸事

　　座头鲸在迁徙或者猎食时总是会成群出现，而在这个过程中，整个队伍里的雄性座头鲸都会演唱同一首歌曲。这首歌曲一般只有经过漫长的时间才会逐渐发生改变。但是在1995-1996年，来自澳大利亚海洋哺乳动物研究中心的米歇尔·诺德和他的团队却有了意外的发现，他们无意中听到了澳大利亚东海岸两头雄性座头鲸的歌声，并且发现这首歌与这个地区其他座头鲸演唱的歌曲并不相同，反而和澳大利亚西海岸的雄性座头鲸的歌曲相同。到了1997年，有些东海岸的座头鲸已经在唱这首新歌了，也有一些座头鲸唱的是新歌与之前旧歌的结合版本。

歌声交流的原因

对人类来说，视觉总是要比听觉更可靠，因此有"眼见为实"的说法，但是鲸却不同，它们的听觉更为发达。一是因为它们生活的海洋总是被大量的浮游生物搅扰得混浊昏暗，能见度非常低，而在海平面以下几百米的地方更是一片漆黑，若是单单凭借视觉的话，鲸恐怕难以生存。二是因为声波在水中的传播速度十分迅速，是空气中传播速度的4倍。在这样的情况下，听觉能让鲸对周围的情况更快做出反应。

海洋里各种不同的歌声

鲸会利用自己敏锐的听觉，通过"歌唱"来交流。鼠海豚和抹香鲸都是通过发出点击声来交流的。而白鲸则是发出尖锐的叫声，或者吱吱声、呱呱声和口哨声。当海豚在兴奋或害怕的时候，则会发出粗而响亮的叫声。当然，每一只宽吻海豚都有自己独特的声音，它们发出的口哨声能够被其他的海豚辨别出来。而须鲸则喜欢发出低沉的声音，如鸣咽声和轻哼声，这一点可能是因为它与人类一样使用喉咙发声。

与众不同的爱丽丝

　　1989 年，美国伍兹霍尔海洋研究所的海洋生物学家威廉·瓦特金斯偶然发现了一段来自鲸的"旋律"，他在研究时有了一个特殊的发现。在这段旋律中，有一头鲸的声音频率远远高于其他的鲸。它只能发出 52 赫兹的声音，而正常鲸的声音频率只有 15～25 赫兹。这也就意味着它的声音可能不会被同类听见，它也许永远都不能和同类交流。为了研究这头鲸，大家为它取了一个美丽的名字——爱丽丝。

海洋万花筒

　　在 20 世纪 80 年代，美国海军曾经向科学家移交了一批监听录音。原来在海军执行监听任务的时候，无意地将各种海洋动物的声音记录了下来。就这样，科学家们开始对这些录音进行分析和研究。

爱丽丝的孤独生活

从 1992 年开始，美国伍兹霍尔海洋研究所的生物学家们开始借助美国海军的水中听音系统，专门对爱丽丝进行追踪录音。追踪的记录让他们大吃一惊，在爱丽丝多年的迁徙生活中，从来都只有它自己。而海军的探测器显示，爱丽丝总是不断地歌唱，但是从未检测到其他鲸的回应。

爱丽丝的足迹

海洋生物学家威廉·瓦特金斯每天都会跟随爱丽丝的足迹，他发现一般灰鲸的游泳速度为每小时 30 千米左右，而爱丽丝的游泳速度却是偏慢的。它总是孤独地在深海里游来游去，对周围的一切都没有积极性。

鲸一般可以存活 50～60 年，最长的可以活到 80 岁。而爱丽丝被人们发现时已经有 30 岁了，如果在接下来的时间里它还是不能改变这种情况的话，那么它就只能一辈子在大海里孤单地歌唱，并且得不到任何回应。

奇闻逸事

澳大利亚昆士兰大学鲸生态与声学实验室副教授迈克尔·诺德发现有些雄鲸会唱一些新歌。为什么会发生这样的改变呢？诺德认为，歌曲发生改变的原因也许是雄鲸为了更好地吸引异性。诺德说："如果你是一名女性，当一名男性突然对你唱了一首与众不同的歌时，他一定格外吸引你的注意。"

唯一的孤独者

2004年8月，威廉·瓦特金斯在美国的《深海研究》杂志上发表了有关爱丽丝的论文。出乎大家意料的是，随着这篇论文的刊登，爱丽丝一下子被大众所熟知。论文的最后写道："也许最让人难以接受的是，它可能是广阔海洋里唯一一头这样的鲸。"没有人见过爱丽丝的样子，但人们相信它是一头孤独的鲸，在大海中独自唱着没有其他鲸能听懂的歌。

座头鲸
B

🖉 开动脑筋

蓝鲸的叫声可以在水下传播 ＿＿＿＿＿ 千米以上，最远可以传播 ＿＿＿＿＿ 千米，高达 ＿＿＿＿＿ 分贝。（ ）

A. 300，6000，325 B. 100，1000，188

C. 200，3000，420 D. 50，2000，280

Part 4
鲸的生活习性

鲸每年都要进行一次长途迁徙，这样的生活习性有利于它们获得充足的食物和适宜的产仔环境。灰鲸在夏天的时候会聚集在阿拉斯加附近的北冰洋海域，而到了冬天，则会迁徙到墨西哥附近的海域，并且在那里产下鲸宝宝。

鲸的大家庭

在鲸的大家庭中，虽然有一些鲸不太喜欢与其他的鲸交流，如小须鲸和淡水豚类，但是大部分的鲸都是活泼开朗、善于交际的，它们一般过着群居生活，群居可以让鲸感到安全，让它们免于遭受掠食者的残害，而且聚集的鲸群也有利于繁衍下一代。

喜欢聚会的须鲸

对群居动物来说，能够摄取的食物数量是非常重要的，这也是决定这个群体规模的重要原因。

一般来说，每个须鲸群会有 2 ～ 10 头须鲸。它们的食物都是较为分散的磷虾和一些小型的鱼类或浮游生物。雌性须鲸在诞下幼仔后，一般会照顾它们一年的时间，然后就会让鲸宝宝独自生活，由于这个原因，巨型的鲸群都比较松散，但是，其中也有一些例外，座头鲸和南露脊鲸通常可以结成长期且稳定的家族关系。

齿鲸的家庭成员

齿鲸比较容易结成数量多且稳固的群体。例如，生活在沿海地区的海豚，它们的家庭成员一般有 6 ～ 20 名。这些海豚会一起在海湾或者海滩附近寻觅食物。生活在远海的海豚或领航鲸的群体就更为庞大了，有的群体足足有成百上千名成员，它们在觅食时也会偏向大型的鱼群。

紧密的内部关系

虽然齿鲸的队伍中成员众多，但是它们内部的关系却比须鲸要紧密得多，群体的领头鲸一般是成年雌性齿鲸。大部分的齿鲸宝宝会在 1 ～ 4 岁断奶，而且它们即便是在断奶后，一直到青春期以前，都是与自己的母亲生活在一起的，这一点与须鲸不同。

雄性齿鲸只要一到青春期就必须离开母亲，与其他的鲸群一起生活。在鲸群中，只有最强大的成员才能凭借实力获得最好的配偶和食物。

亲密的家庭

在齿鲸中，大吻领航鲸的鲸宝宝跟母鲸的关系非常亲密，小鲸一直到 2～6 岁的时候才会断奶，如果它们母亲的年龄超过 20 岁，那么它们会一直到 15 岁才断奶。它们一生都不会离开母亲独自生活。

松散的家庭

生活在沿海的斑点原海豚的群体一般很小，最多也不会超过 15 只海豚。海豚会不断地加入、离开这个群体，然后再重新加入，它们之间会长时间保持联系。

海豚的群居生活

齿鲸中的海豚非常喜欢集体生活，它们经常一起捕食，一起玩耍，一起到海面呼吸。也正是因为这样，人们经常可以看到一大群海豚一起出现。组成一个家庭的海豚们可以相互照应，也可以共同反击掠食者。

海豚家族的语言

　　在一起生活的海豚之间总是有说不完的话。它们每天大部分的时间都在交流。海豚在交谈时会发出口哨一般的声音。每只海豚都有自己独特的发声方式，小海豚在出生后就会学习母亲的声音，逐渐形成自己独特的口哨声，这也是它们辨别身份的一种方式。海豚妈妈只要一发出这种独特的口哨声，海豚宝宝就知道这是妈妈在呼唤它们了。当某只海豚发现鱼群或者其他的食物时，就会立刻将这个好消息报告给群体中的其他成员。

奇闻逸事

　　在澳大利亚的鲨鱼湾附近生活着一群宽吻海豚，它们这个群体的成员已经超过了60名。这个群体中有几只与众不同的雌性海豚，它们经常会用自己的鼻子驮着海绵动物在水中游动。每当这些雌性海豚准备潜入海域深处时，它们就会找到一只海绵动物，然后将它小心翼翼地放在自己的鼻子上。有些专家认为，它们可能是将海绵动物当作工具使用，当它们在海底寻找食物的时候，海绵动物可能会保护海豚，甚至帮海豚找出鱼类。

喜欢触摸的海豚

　　属于同一个家族的海豚经常会一起游玩，它们之间的互动也十分亲密，会将自己的身体紧贴在同伴身上，就连变换游动位置时也不能让它们分开。海豚之间会用自己的鳍部抚摸对方的身体，它们非常喜欢与同伴靠在一起的感觉。而海豚妈妈和海豚宝宝更是不用说了，它们基本不会离开对方的视线，常常像连体婴儿一般靠在一起。

　　海豚经常会通过触摸对方的身体来确定对方是否可以信赖，频繁触摸的两只海豚之间总是可以建立更深的友谊。

奇闻逸事

　　海豚可以通过声音"交谈"。它们会聚集在群体中其他成员的身旁，一起商讨怎么将猎物一网打尽。当然，海豚也会有争吵的时候，它们在意见相左的时候就会直接对着彼此"破口大骂"。

聪明又可爱的海豚家族

海豚在人类的印象中是可爱、友善的，更是聪明的。它们是天生的语言学家，经过一段时间的学习后，它们可以通过人类的肢体动作明白他们的意思。有些海豚还是"舞林高手"，它们不仅可以在空中旋转，跳出优美的舞蹈，还可以翻跟斗，或者用自己的尾鳍在水面滑行。它们在玩闹时总是显得分外活泼。聪明绝顶的它们甚至还会使用工具，它们会将海绵动物放在自己的嘴上，然后利用它在海底翻找食物。

奇闻逸事

古希腊历史学家罗图斯图在他的著作《亚里翁传奇》中记载了这么一个故事：有一天，罗图斯图雇用了一些水手，载着他和他的钱财出海。水手想要占有他的财产，便把他扔进大海。但他被路过的海豚所救，成功地逃回了岸上。

开动脑筋

1. 根据《亚里翁传奇》中的记载，落水的罗图斯图最终被哪种动物所救？
2. 海豚用什么部位触摸同伴的身体？
3. 海豚会用声音争吵吗？

参考答案：1. 海豚。2. 额头。3. 会。

洄游之路和繁衍后代

　　大型鲸经常会进行长距离的迁徙，其中有一部分原因是它们要寻找合适的地方孕育鲸宝宝。鲸的迁徙往往与它们的繁衍有着密切的联系，其中最为典型的是须鲸。

须鲸为了生活迁徙

　　须鲸的主要食物是浮游生物和磷虾群，因此，它们在夏季的时候往往会聚集在北极地区或南极海域。夏季的北冰洋盛产浮游植物和磷虾，每到这个时候，须鲸的肚子就会鼓胀起来，吃出厚厚的一层肥油。到了秋天，气温慢慢下降，这里的磷虾数量就会迅速减少，海面上的结冰范围也会慢慢扩大。气温太低的话，就会不利于雌鲸产下幼仔，因为刚刚出生的小鲸身上没有足够厚的鲸脂，它们不能适应这个冰冷的世界，所以鲸群必须离开寒冷的水域，前往赤道方向的温暖水域。

海洋万花筒

　　鲸虽然是哺乳动物，但它们却生活在海洋之中，并且永远没有办法离开海洋到陆地生活。雌鲸在水中生下幼仔，同时也在水中用乳汁哺育幼鲸。它们恐怕是最特殊的哺乳动物。

长途跋涉为了生宝宝

灰鲸在夏天的时候会聚集在阿拉斯加附近的北冰洋海域，而冬天的时候则会集体迁徙到墨西哥海岸。这段路程非常遥远，灰鲸一般要耗时2～3个月才能到达目的地。灰鲸在行进的过程中是不会进食的，而且它们只有短暂的时间用来休息。母鲸在到达墨西哥附近的海域后会放心地产下鲸宝宝。

幼鲸跟随母鲸迁徙

产下幼鲸后的母鲸会陪在幼鲸身旁，并且从哺乳期一直到幼鲸长出脂肪层，它们几乎都不怎么进食，因为这里并不是磷虾的盛产地。幼鲸在母鲸的悉心哺育下茁壮成长，但是母鲸却因为缺少食物慢慢消瘦，身体也渐渐变虚弱。等到春天到来的时候，灰鲸又要集体往北迁徙，这一次的长途迁徙，还包括两个月大的幼鲸。一般等灰鲸到达北冰洋附近的海域时，身体早已精疲力尽。每头灰鲸每年基本都要横渡长达2万千米的距离，一头40岁的灰鲸一生中迁徙的距离，足够在地球和月球之间往返一次了。

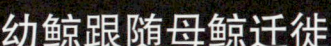

足迹遍布世界的海域

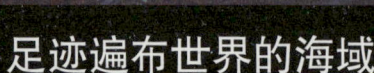

在鲸中有一些群体擅长长途迁徙，如蓝鲸和长须鲸等，而且齿鲸中的抹香鲸也可以进行长距离的跋涉。它们之中迁徙距离最长的就是座头鲸了，基本上全世界的海域都有座头鲸的足迹，在北方海域生活的座头鲸迁徙的区域主要是北极地区和太平洋的墨西哥或者格陵兰岛附近的海域。在南半球海域生活的座头鲸的迁徙区域则是南极海域到哥斯达黎加和哥伦比亚海域。因为迁徙的原因，生活在南、北半球的座头鲸永远也不会碰面。

🔬 海洋万花筒

身躯庞大的蓝鲸在迁徙时的目的地十分随性，世界上各个地方的海域都有它们的踪迹，大部分蓝鲸不会固定生活在某一海域。当然也有一些蓝鲸具有很强的地域性，它们属于地域性动物，一生基本不会离开生活的地方。还有一些蓝鲸在寒冷的冬季会前往温暖的赤道附近的海域，到了夏季又会回到高纬度的寒冷海域。

人类对鲸的洄游研究

　　鲸研究专家在研究鲸的迁徙时主要依靠的是追踪器。他们将追踪器安装到某一头鲸的身上，然后将它放回大海，利用追踪器的接收仪器收集它们的迁徙路径。大量的数据显示，鲸的迁徙方向十分精准。即便遭遇气候变化或者错综复杂的洋流，它们的航行路线也从没有发生偏差，就好像它们的身体内安装了导航系统。这可能是因为鲸的身体中天生就有对方向敏感的器官，它们可以感应到磁场的细微变化，从而能够沿着地球的磁场线进行迁徙。当然也可能是因为它们的味觉系统也具有导航功能。

孕育前的准备——雄鲸竞争

　　座头鲸是鲸中好斗的群体，尤其是当雄性座头鲸在追求配偶的时候。雄性座头鲸遇到心仪的异性时，就会使出浑身解数来吸引雌性座头鲸的注意，在遇到竞争者时，更会毫不犹豫地冲上前去，与对方展开争斗。它们会用自己强劲有力的尾鳍使劲儿拍打水面，还会直接在雌性座头鲸面前展开才艺大比拼。当获胜的雄性座头鲸来到雌性座头鲸面前时，雌性座头鲸则会欣喜地与它一同踏上孕育小鲸的道路。

水中诞生的鲸宝宝

　　雌鲸在怀孕后，会有 10 ～ 13 个月的孕育周期，之后鲸宝宝便会来到这个世界。一般来说，雌鲸每次怀孕只会产下一个鲸宝宝，只有在极少数的情况下它们才会诞下两个鲸宝宝。母鲸在生产的时候对环境有一定的要求，它们通常会来到浅水水域，并且离海平面比较近的地方产下鲸宝宝。鲸宝宝在出生的时候往往会伴随着一定的危险，因为海中潜伏着凶猛的猎手——鲨鱼和杀人鲸。母鲸在生产的时候，一般会有另一头雌鲸在旁边帮忙，这类似于人类的助产师。鲸宝宝一旦出生后，就要马上咬断脐带，而且要迅速将它带到水面。因为刚刚诞下的鲸宝宝的肺部没有空气，它的身体比水的浮力重，会往下沉。母鲸通常会用嘴部将鲸宝宝推到水面进行呼吸。

练习潜水的幼鲸

　　虽然幼鲸一出生就会游泳，但是它们的肺部还不成熟，没有办法在水中停留太长的时间。成年的鲸呼吸一次后，通常可以在水下停留 40 分钟左右，而幼鲸呼吸一次只能在水下停留 4 ～ 5 分钟。因此，幼鲸要努力地练习潜水，一开始的时候，母鲸会陪着幼鲸一起浮上水面，之后每隔 10 分钟，母鲸就会让幼鲸独自到海面呼吸一次，母鲸则在水下 20 米左右的地方等待它返回。

快速成长的幼鲸

　　刚出生的幼鲸并不会在海中捕食，它们会由母鲸用乳汁哺育几个月的时间，在这之前，幼鲸还要先学会如何在海中喝奶。因为哺育的过程是在水中完成的，幼鲸必须先找到乳头。母鲸会先在水中喷射出一些有浓郁脂肪的鲸奶，让幼鲸循着踪迹找到胸鳍下的乳头。母鲸在捕食的时候，会暂时将幼鲸交给其他的雌鲸照料，等自己完成捕食后，则会继续照顾幼鲸。不同种类的鲸出生时的体重会有所不同，如虎鲸和小须鲸在出生时的体重为 20～40 千克，抹香鲸和蓝鲸在出生时的体重为 1～2 吨，座头鲸和北极鲸在出生时的体重为 2～3 吨。其中，刚出生的蓝鲸就有近 7 米长，而且会以每天增加 90 千克体重的惊人速度成长。

有鲸群保护的幼鲸

　　大多数鲸会在一起生活，它们会一起捕食，一起进行迁徙，而且还会互相帮忙照顾幼鲸。成年抹香鲸会让幼鲸游在鲸群的中间，为幼鲸建起一道坚固的防护墙。即使在幼鲸断奶后，它也还是会留在母鲸身边，与母鲸和其他的雌鲸一起学习生活技能。

 开动脑筋

雌性抹香鲸多久才会生产一次？（　　）
A. 5～7 年　　B. 9～10 年　　C. 4～20 年　　D. 1～3 年

鲸喜欢栖息的水域

鲸虽然有些不能适应寒冷的北极，但是它们也不能一直生活在温暖的水域，因为温暖的水域存在一个致命的缺点，那就是没有充足的食物。因此，它们需要随着季节的变化改变它们生活的地方，也就是我们人类所说的"搬家"。

喜欢栖息的水域

大部分的鲸都非常喜欢栖息在温暖的水域，在这里它们可以十分安心地诞下自己的后代，还能和幼鲸一起玩耍嬉戏。但是，如果鲸长时间停留在这里，那这个对它们来说的"海洋天堂"就会变成"海洋沙漠"，鲸会因为食物短缺而最终走向灭亡。

热带海域的致命缺点

　　虽然有许多种类的生物在热带海域生活，但是每一种生物的数量却是稀少的。这对进食大户须鲸来说，更是一个致命的缺点。因为它们的主要食物是小型的浮游生物，并且它们的食量很大。如果须鲸想要一直在这里生活的话，那么它们就要做好挨饿的准备。在炎热的夏天，鲸的胃口也会下降。在天热和食物短缺的双重影响下，鲸会变得越来越虚弱。

应对缺点的措施

　　鲸不得不进行迁徙。在春天的时候，它们会带着幼鲸一起游往南冰洋或北冰洋寻找食物。夏季时，北冰洋上的冰层已经消融，阳光照射的时间也变长了许多，而且这里还有丰富的食物，可以让饿了许久的鲸饱餐一顿。而一到冬天，这里的气温会逐渐下降，不适合鲸生存，它们就会游回温暖的海域进行繁殖。

鲸的食物

　　所有的鲸分为齿鲸和须鲸，这是专门研究鲸的科学家们根据它们的进食方式进行划分的。随着漫长时间的演变，须鲸的牙齿慢慢被鲸须所取代，它们共同构成一个具有过滤功能的滤网，能够更轻松地捕获食物。当然，不论是齿鲸还是须鲸，它们都是食肉动物，它们的食物主要包括海中的磷虾群、小鱼群，甚至是一些巨大的海洋哺乳动物。

大嘴巴、小食物

　　须鲸虽然是海洋生物中体型偏大的一类，但是它们的食物却是比较小的。须鲸特别喜欢吞食大量的浮游生物或聚集的磷虾群，有时还会对稍微大上一些的软体动物组成的群体下手。当然，小型的鱼类也会成为它们的食物之一。须鲸当中的鳁鲸在捕食时，会充分利用它们口中的喉囊。喉囊在扩大的状态下，它们便可以大口地吞咽食物。而露脊鲸在捕食的时候会格外有耐心，它们总是沿着海面一边前进，一边吞食着成群的猎物。

浑水摸鱼的灰鲸

大部分的须鲸都是在水面完成觅食的，当然也会有例外，灰鲸在觅食时，经常会潜入海底，把身体转向一侧，然后用喙部将海底的泥浆或其他沉淀物搅拌起来，从而让海水变得浑浊不堪。这时，它们会找准时机捕食一些甲壳动物和生活在海底的蠕虫。

 海洋万花筒

由于体型的原因，鲸对食物的需求很大，它们为了捕捉食物，会进行长距离的迁徙，有时它们会在高纬度的寒冷水域觅食，有时又会回到低纬度的温暖水域觅食。它们追逐的猎物都有哪些呢？它们是什么都吃还是会有所选择？它们会不会因为食物发生争斗呢？

顶级掠食者

　　齿鲸最多可以长 272 颗牙齿，不同齿鲸的牙齿有大有小，有锋利尖锐的，也有呈钝角状的。它们可以利用牙齿捕食鱼群、乌贼或者其他的软体动物。作为齿鲸中的佼佼者，虎鲸还会对海豹、企鹅、北极熊甚至是海龟下手，有时，其他种类的鲸和鲨鱼都难逃虎鲸的"血盆大口"。

不同的进食方式

　　齿鲸在捕捉猎物的时候，通常每次只会捕捉一只猎物。有些齿鲸喜欢在吃掉猎物前，先将它咬一咬或者嚼一嚼，有些则是直接将捕获的猎物一口吞进去；喙鲸喜欢潜入海底寻找深海里的乌贼；虎鲸则不挑食，它们什么都喜欢吃，不管是海鸟还是海豹，甚至是须鲸都是它们的食物。

食物的选择

　　鲸的种类不同，它们对食物的选择也会有所不同。须鲸属于滤食性动物，它们一般具有庞大的躯体，每次进食时总是需要极多的食物才可以填饱肚子。但是与它们的体型相反，须鲸的捕食对象都是一些小型的浮游生物。须鲸根据捕食的种类和方式，又可以分为吞滤型和撇滤型。

　　吞滤型须鲸包括蓝鲸、长须鲸、座头鲸和小须鲸等，它们在捕食时，通常会将食物连同海水一起吞进口中，然后便将嘴巴紧闭，把海水排出去，海水中的食物就留在了它们的口中。在这个过程中，它们还会收缩口中的褶沟部位，从而增加口腔内的压力，使整个过滤过程更加快速。

奇闻逸事

　　虎鲸特别喜欢聚在一起捕食，它们是出了名的不挑食，有时比它们的身体大 3 倍的蓝鲸也会成为它们的食物。

　　捕食蓝鲸的时候，团队中的每头虎鲸都有自己的任务，有的负责包围蓝鲸，有的负责阻止蓝鲸继续潜水，有的则会用自己的身体堵住蓝鲸的喷水孔，让蓝鲸陷入窒息。

过滤食物

　　灰鲸会根据捕食时的具体情况，在这两种方法中来回切换。对灰鲸来说，浅水海域更能让它们放松，因为在这里，它们可以吃到平时吃不到的海底美食。灰鲸在捕食的时候，会将上层的沙子，还有藏在沙子中的贝壳、蠕虫和螃蟹等海底动物一起吸到口中，然后再利用嘴里的鲸须将水和沙子都排出去，只留下自己喜欢的食物。

食物带来的满足感

　　露脊鲸则属于撇滤型须鲸，它们非常喜欢在水面游动时张开自己的大嘴，然后将吻后的头部露出水面，这样一来，一些桡足类就会在不知不觉中随着水流进入露脊鲸的口中。在这个过程中，流进露脊鲸口中的海水会从须板间自动滤出，等露脊鲸口中的食物积攒到一定数量的时候，这些大块头便会闭上嘴巴，缓缓将身体潜入水中，然后静静地享受食物带来的满足感。

互相不争抢食物

与须鲸不同，齿鲸捕食主要依靠的是口中的牙齿，它们属于掠食性动物，捕食对象的种类十分丰富。有些齿鲸比较喜欢吃老板鱼或鳕鱼，有些则喜欢吃生活在上层的鱼类，如鲅鱼和金枪鱼等。更有一些齿鲸会表现出凶猛的肉食性动物的天性，它们会将大型的海豹、海豚、企鹅等作为攻击对象，而且有时还会成群地围攻大型的须鲸和海象，甚至会攻击自己的同类。由于每种鲸都有自己特殊的进食喜好，所以它们之间并不会发生抢夺食物的现象。

🔬 海洋万花筒

磷虾这个名字来自挪威语，本来的意思是"鲸的食物"。鳁鲸这个名字则来自古挪威语，它是"有褶皱的喉咙"的意思，指的就是鳁鲸口中的喉囊。这个结构可以让它们吸进更多的海水和食物。

🔎 开动脑筋

1.虎鲸喜欢单独捕食，还是聚在一起捕食？

_____

2.灰鲸在海底捕食时，会把沙子吞进口里，它怎么把沙子排出去？

_____

3.不同的鲸之间会因为争抢食物打架吗？

_____

Part 5
鲸的大家族

　　鲸拥有一个庞大的家族，无论是在三大洋还是在陆地的淡水湖泊中都有鲸活动的身影。须鲸喜欢在200米以下的深海活动，剑吻鲸喜欢在温暖的海域繁衍生息，虎鲸喜欢成群结队地出现，一角鲸喜欢在海湾内捕食……

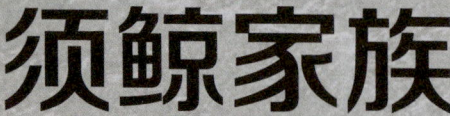

须鲸家族

　　所有的鲸分为须鲸亚目和齿鲸亚目，属于须鲸亚目的鲸在出生后口中没有牙齿，它们的上颌和下颌分别长有用于过滤食物的鲸须，这也是它们被称为须鲸的原因。或许是因为进食方式不同，须鲸的身体一般比齿鲸的大。

产生的原因

　　须鲸亚目这个说法出现的时间比较晚，这是因为它们本就是早期口中有牙齿的鲸演化而来的。一开始，须鲸的口中像齿鲸一样生长着牙齿，但是由于它们喜欢捕食数量庞大的浮游生物，口中的牙齿渐渐不再使用了。随着时间的推移，它们的牙齿渐渐变成了可以过滤食物和海水的鲸须。

生存现状

须鲸亚目中的成员有许多，而且体型一般都比较庞大，其中就有地球上现存体型最大的生物——蓝鲸。由于蓝鲸的体型非常巨大，而且人们在须鲸的身上可以获得非常高的经济利益，所以它们曾经一度被人们大肆捕捉。须鲸亚目的种类分布比较广泛，但是由于曾经盛行的捕鲸业，每种须鲸的数量并不是很多。须鲸亚目包括露脊鲸科、须鲸科、小露脊鲸科和灰鲸科。其中灰鲸科中只有一种鲸——灰鲸。

露脊鲸科

露脊鲸科中的鲸的分布范围较为广泛，在全世界的海域都可以发现它们的踪迹。因为它们身上没有背鳍，所以被称为"露脊鲸"。一般来说，露脊鲸的体型比较肥大粗壮，因此它们的游动速度比较迟缓。它们的嘴巴是弯曲的，口中的鲸须很长。露脊鲸科中的黑露脊鲸是我国唯一能找到的一种露脊鲸。由于它们的行动太过缓慢，曾经成了捕鲸人的重点捕捉对象，因此，现在的数量已经非常稀少了，一度面临灭绝的风险。南露脊鲸与黑露脊鲸长得极为相像，但是它们生活的海域却离得很远。南露脊鲸的数量比黑露脊鲸要多，但是也属于世界上的珍稀物种。北极露脊鲸又被称为弓头鲸，它们的身体要比黑露脊鲸的身体更长一些，有的可以长到 20 米以上。或许是因为它们的身高，北极露脊鲸看上去也要更瘦一些。

须鲸科

　　须鲸科又被称为鳁鲸科，在全世界都有分布，其中蓝鲸就属于须鲸科。而世界上第二大动物长须鲸也属于须鲸科，从这里就可以看出须鲸科中的鲸的特点了。它们的体长都在 7 米以上，头部的长度不会超过体长的 1/4，并且它们是有背鳍的。蓝鲸被认为是世界上最大的动物，最大的蓝鲸体长可以达到 33 米，大部分的蓝鲸会在夏季前往两极觅食，而冬季，则会前往温热带海域进行繁殖。它们主要捕食磷虾，当然也会捕食一些小型的鱼类。

🌊 海洋万花筒

　　鲸须有时候会被人们认为是鲸的骨头，但是鲸须没有骨头坚硬，反而十分柔韧。须鲸头骨很大，胸骨较小，颈椎愈合或者分离。仅有 1～2 对肋骨与胸骨相连接，没有锁骨。

小露脊鲸科

　　小露脊鲸科只包括了一种鲸，那就是小露脊鲸，它们只生活在南半球的海域，一般喜欢生活在温暖的海域。它们的体长大约为6米，是须鲸中最小的一种鲸。它们的身体呈优美的流线型，头上没有生长角质瘤。小露脊鲸的背部颜色为黑色或灰色，身体的侧面是淡淡的灰色，腹部则是白色。它们的背鳍都很小，是一个小三角形的样子。小露脊鲸最喜欢的食物是小型的浮游生物，它们还喜欢在浅海海域栖息。

奇闻逸事

　　露脊鲸一般可以长到13~15米，最长的露脊鲸有18米。露脊鲸有着非常粗壮的腰，这让它们看起来就像大缸一样。跟一些苗条的须鲸比，露脊鲸可以说是又小又矮又胖。露脊鲸非常喜欢捕食小虾，在捕食的过程中，如果有大鱼不幸被它们吞了的话，也不要担心，因为露脊鲸会用舌头将个头大的鱼类送出去。当然，小鱼、小虾是逃不过露脊鲸的"血盆大口"的。

与众不同的黑露脊鲸

　　鲸的种类众多，并且每一种鲸都有自己特殊的地方，人类通过它们的这些特点就可以快速地认识它们，并且将它们从其他的鲸中辨认出来。而我们将要提到的黑露脊鲸，它们则是因为考究的装扮被人们所熟知。它们显得分外绅士，头上总是戴着一顶引人注意的"绅士帽"。

绅士名称的由来

　　黑露脊鲸在长相上与其他的鲸有一个最大的区别，那就是它们的上颌前端的顶部位置和喷水孔前面的上、下颌两侧，都生长着足有拳头大的瘤状突起。从远处看过去，就像戴了一顶绅士帽。

爱挑食的毛病

黑露脊鲸除了它们那引人注意的外形外，还让人记忆深刻的就是它们那挑食的小毛病了。它们并不像其他须鲸一样对入口的食物一概全收，而是会对食物进行筛选。这是因为什么呢？原来黑露脊鲸虽然看起来身躯比较庞大，但是它们却有一个比较细小的咽喉。咽喉的宽度仅仅只有6～7厘米，所以，即便有比较肥美的食物被黑露脊鲸吞到了口中，它们也不得不将其吐出来。

有美感的喷水柱

对黑露脊鲸来说，不能将进入口中的食物都吞到肚子里，始终是一个巨大的遗憾，这也让它们培养了另一个爱好：喷水，勤加练习的它们，终于成为鲸中擅长喷水的一类。黑露脊鲸的两个喷水孔可以在呼吸的时候，各自喷射出一道4～8米高、像雾一样的水柱，而且水柱在下落时格外具有美感，就好像天女散花一般。

💡 **开动脑筋**

以下几种鲸属于须鲸亚目的是（　　）（多选）。

A. 弓头鲸　　B. 宽吻海豚　　C. 小露脊鲸　　D. 鳁鲸

灰鲸

灰鲸是鲸中比较木讷的，它们属于须鲸亚目中的灰鲸科，它们的体围比须鲸大，但是与露脊鲸相比，它们又显得娇小。

灰鲸的外形特征

灰鲸的身体呈纺锤形，它们身体的躯干部分很粗壮，而且到了鳍肢的附近会更加明显，一直到尾叶部分才渐渐变细。灰鲸是没有背鳍的，它们的背部向后 1/3 的地方生长着 8 ～ 15 个比较低的峰状突起，排在最前面的突起最明显，越往后则越平缓。灰鲸的头部大约是整个体长的 1/5，它们的尾叶非常宽大，最后的边缘部分呈平滑的"S"形。

成长中的变化

灰鲸在年幼时，体色是黑灰色的，成年后就慢慢变成了褐灰色或浅灰色。在灰鲸的身上布满了浅色的斑，而且还有鲸虱和藤壶等寄生物造成的白色或橙黄色的斑块。这些也成为灰鲸最显著的特征之一。

灰鲸的外部器官

灰鲸的眼睛是椭圆形的，类似于卵的形状，长在口角后面，与须鲸亚目中的鲸相比，它们眼睛的位置要偏上。它们的上眼睑比较长，耳孔也比较大，甚至可以插进一支铅笔。灰鲸的鲸须是淡黄色的，每一侧生长着 140 ～ 180 根鲸须，每根鲸须的长度为 40 ～ 50 厘米。灰鲸的喷水孔有两个，两个喷水孔前端的距离比较近，后端则比较远，可以看到一个不太明显的"V"形。

喜欢旅行的灰鲸

灰鲸是有名的长途旅行家，它们迁徙的距离甚至可以达到 1 万～ 2.2 万千米。生活在太平洋北美洲一侧海域的灰鲸，在每年的 5 月下旬就开始启程，到了当年的 10 月末时，它们便能穿过白令海峡和白令海峡的西北部，来到比较适合它们捕食的北极圈内。等吃饱喝足，储备了厚厚的脂肪后，它们便又开始向南迁徙。它们一般会穿过阿留申群岛，然后沿着北美洲大陆的海域一直往南游动。灰鲸每天的游动距离大约是 185 千米。

灰鲸的食物

灰鲸的食物主要是浮游生物和一些喜欢聚在一起的鱼类。当然，它们也对海胆、海星、寄居蟹等"海货"感兴趣。当它们往南方迁徙时是不捕食的，而当它们往北方迁徙的时候，则会经常捕食。

喜欢"撒娇"的灰鲸

有一些灰鲸非常喜欢发出"哼哼"的声音，听起来就好像在"撒娇"。它们不管在哪里或哪个时间总是会哼出声音。据科学家统计，它们每小时大约可以发出 50 次的"哼哼"声。但是科学家们对它们发出这种声音的原因还不是很清楚，有些人认为这是灰鲸在与同伴交流，有些人认为这是灰鲸在对一些自然灾害进行预警，还有些人认为这只是它们发泄情绪的一种方式。到底原因为何，还需要人们进一步的研究和探索。

无视人类的灰鲸

　　有很多鲸对人类的存在十分敏感，当它们看到人类的踪影时，总会远远躲开。但是灰鲸却不会，它们在看到人类时并不会急忙躲开，反而该干什么还继续干什么，有时还会在人类面前上演一场盛大的喷水表演。那么它们的性格真的与人亲近吗？

引人注目的大尾鳍

　　灰鲸与须鲸相比，算不上大个子，它们的体长一般为 12 米左右，因此，它们在水面活动时也不会制造出像蓝鲸那样大的动静。但是，灰鲸也有一套关于入水的独门绝技。灰鲸在观察周围的环境是否安全时，会将自己的脑袋垂直地浮出水面，或者一下子将整个身体跃出水面，这个时候重头戏就来了，灰鲸在身体入水的一瞬间，会将自己那最引人注目的大尾鳍留在海面上。灰鲸的整个入水过程一气呵成，非常优美顺畅，让所有的观看者都不禁为之赞叹。

喜欢卖弄本领

如果你以为灰鲸就只有入水表演这一种讨人欢心的招数，那就大错特错了，它们还有更拿手的海面喷水技能。或许你会有些疑惑，喷水不是每头鲸都会的吗？其实，灰鲸在喷水这方面可以说是"艺术大师"了，因为它们喷出的水柱与其他鲸喷出的有明显不同，而且还是漂亮的心形！灰鲸的两个喷水孔藏在头顶一个低矮的凸起中，喷水的时候，很像对整个世界示爱。

天性迟钝

在看到灰鲸的种种表现后，人们一般都会理所当然地认为它们对人类是心怀喜爱的，但是事实却不是如此。原来它们种种看起来亲近人类的行为，只不过是因为它们天性迟钝而已。

天生的大胃王

灰鲸的胃口非常大，属于鲸中的"大胃王"，它们每天都可以吞下比自己的胃容量大 4 倍的食物，这些食物大约重 1.25 吨。它们对吃放纵过头的后果就是身体变得臃肿、行动变得笨拙。这时的它们在虎鲸眼里就是明晃晃的"大鸡腿"，可以说它们生生将自己吃上了其他动物的食谱。

奇闻逸事

当灰鲸被虎鲸攻击时，基本都是在还没有回过神的时候就已经被制伏了。在灰鲸群体中，当幼鲸或雌鲸受到伤害时，雄鲸就会变得暴躁且凶悍，它们会不顾一切地冲上去为幼鲸和雌鲸报仇。但是受伤的如果是雄鲸，雌鲸则会立刻逃离现场。为了一边寻找食物，一边躲避虎鲸的猎杀，灰鲸只能常常在浅水海域活动，这也让它们时常遭遇搁浅的困境。

齿鲸家族

　　顾名思义，齿鲸亚目的鲸是具有牙齿的鲸。齿鲸口中的牙齿数量根据种类不同也有所区别。有研究表明，齿鲸的牙齿最多有272颗，每一颗牙齿的形状都极为相似。齿鲸从生下来到死亡都不会换牙。也就是说，这一副牙齿要伴随齿鲸一生。

齿鲸亚目的现状

　　18世纪，世界上关于齿鲸种类的记录只有8种，仅仅占到现在全部种类的12%。随着时间推移，人们发现的齿鲸种类也越来越多，如今已发现12科、34属、72种。其中，齿鲸亚目中最大的科是海豚科，其次是剑吻鲸科。

海豚科

　　海豚科不仅是齿鲸亚目中种类最多的，而且也是人们最熟悉的一科。海豚的踪迹遍布世界各个海域，其中分布在沿海海域的数量最多。一般来说，海豚的体型都比较小巧，其中就有鲸中最小的鲸。

海豚的生活

　　海豚的食物一般是鱼类或软体动物，有时也会对体型比较大的海洋生物下手。从海豚的外形上看，可以将海豚分为长喙、短喙和无喙。海豚的背上一般都生长着背鳍，也有少数的海豚没有背鳍。它们的头部有一个突出的部位，那是被称为"额隆"的器官。海豚一般都很喜欢群居生活，与其他鲸相比，智商明显较高。在被人类驯养后，经常可以进行比较复杂的表演。

又凶又萌的虎鲸

　　虎鲸和领航鲸一样，也是齿鲸的一种。面对自己的食物或者敌人时，虎鲸会变得异常凶猛。它们喜欢集体行动，在海洋里围攻大白鲨或体型巨大的蓝鲸。面对海豹等"小个子"，虎鲸下手时更凶残。虎鲸虽然凶猛，但从不主动攻击人类，甚至还很愿意救人。一些人从船上落海或者被鲨鱼攻击时，都是虎鲸出手相救。如果我们在海洋公园看到虎鲸和人类的互动，就会被它们萌萌的样子深深吸引。

一角鲸科

　　一角鲸主要的活动范围在北冰洋附近，它们特别喜欢居住在这里。一角鲸的背鳍很小，还有一些一角鲸的背鳍直接消失了。一角鲸的主要食物是海洋中的鱼类和一些软体动物。一角鲸这个名字的来源：雄性一角鲸会长有一颗突出的长牙，这让它们看起来像长了一只角。

鼠海豚科

　　鼠海豚大部分生活在沿海海域，有些甚至可以在淡水中生存，它们的体型一般较小，可以进入河流之中。其中，江豚的头部比较短、比较接近圆形。它们的吻部又宽又阔，牙齿又短又小，而且它们的眼睛也非常不明显。江豚的背上没有生长背鳍，它们的鳍肢比较大。江豚在我国的长江以及其他一些沿海海域均有分布，是我国现存的最小鲸。

抹香鲸科

　　抹香鲸的头部非常大，但是下颌却非常小，在它们的口中也仅仅下颌上生长着牙齿。抹香鲸算是齿鲸中的大块头，它的体长可以达到 18 米，体重更是能够超过 50 吨。抹香鲸的背上没有生长背鳍。它们是潜水本领最强的鲸之一。

剑吻鲸科

　　大多数的剑吻鲸生活在温暖的海域中，它们的喙部比较长，喉部的位置有一对深深的沟壑，看上去像一个"V"形，有的剑吻鲸只有一对牙齿，而成年雄性剑吻鲸的牙齿更是会突出牙床生长。有一些种类的剑吻鲸在闭上嘴巴时，牙齿还会露出嘴外。在成年雄性剑吻鲸的身上经常能发现细长的伤痕，而造成这些伤痕的原因大约就是它们突出的牙齿了。

海洋万花筒

　　在齿鲸亚目中有一种豚类时常被人们误认为是鳄鱼。这是一种主要生活在孟加拉国、尼泊尔和印度等水域的淡水豚类，它们被称为恒河豚，有时也被叫作南亚河豚。在人类过度的捕捞和一些引水灌溉活动的影响下，它们的生存环境变得极为恶劣，导致它们濒临灭绝。当然，它们让人关注的还是酷似鳄鱼的长相。

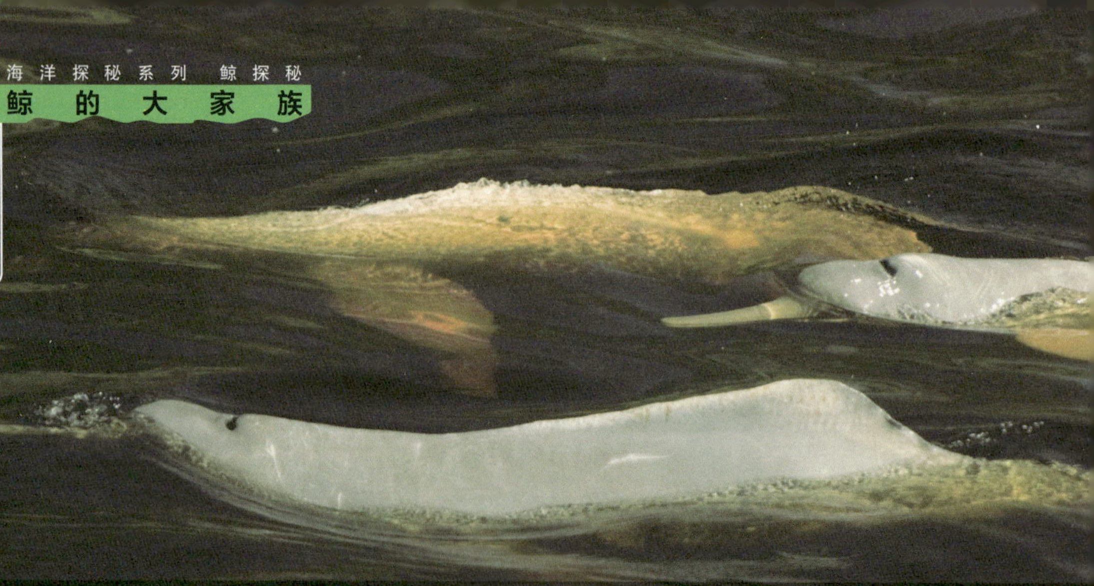

恒河豚的分类

　　恒河豚按照地域可以分为两大类：一类是主要分布在印度河附近的印度河亚种，另一类是主要分布在恒河附近的恒河亚种。全世界现存的恒河豚数量仅仅只有 2000 ~ 6000 头了。恒河豚的两个亚种最初是被分别描述的（约在 1801 年），但是到了 1970 年时，有学者提出可以将两个亚种统称为"恒河豚"。恒河豚这个名字才被正式使用。

鳄鱼的最佳伪装者

　　恒河豚被称为鳄鱼的最佳伪装者，这也是由于它们经常被错认为是鳄鱼。恒河豚长着一个不那么对称的头部，而且它们的嘴巴又长又窄，体色比较丰富，从淡蓝色到深棕色都可以在它们的身上找到。当恒河豚浮在水面呼吸的时候，它们的身体只有一部分会露在水面。这时从某个角度看上去，几乎与鳄鱼一般无二，怪不得会有人认错了。而且，当恒河豚在水中游动的时候也经常将额头的上半部分露出水面，当它们觅食时，脑袋会一直摇动，水下的胸鳍更是忙得欢快，在船上的船员看来，会有如此怪异动作的也只有鳄鱼了。

鲟晟乡 ACD

恒河豚的生活习性

　　恒河豚一般喜欢捕食一些淡水中的小鱼和小虾，体型稍大一些的鲤鱼和鲇鱼也是它们的食物。恒河豚并不像海豚那样喜欢过群居生活，它们经常单独行动，或者结成只有两三头的小团体。由于恒河豚的眼睛中没有晶状体，它们在水中时基本就等于失明了。恒河豚的牙齿也并不锋利，等它们长大后，牙齿更是会变得平坦又方正，这非常不利于它们捕食。

🌀 海洋万花筒

　　成年雌性恒河豚的体长可以达到2.4～2.6米，成年雄性恒河豚的体长可以达到2～2.5米。

💡 开动脑筋

　　下面几种鲸中，属于齿鲸的是（　　　　）（多选）。

　　A. 虎鲸　　　　　　B. 座头鲸

　　C. 白鲸　　　　　　D. 鼠海豚

抹香鲸

　　抹香鲸是齿鲸中体型最大的，它们的体长可以达到18米。抹香鲸不仅体型庞大，还是海洋动物中有名的潜水健将，它们的潜水能力在所有的海洋哺乳动物中数一数二，可以说是天生的"潜水员"。

出色的潜水能力

　　抹香鲸之所以拥有出色的潜水能力，是因为它们很会憋气。它们在海底活动时，足足可以憋气一个半小时。而在这段时间里，抹香鲸完全可以潜入超过1000米深的海底。不仅如此，有资料显示，它们甚至能够潜入3000米以下的海域。当然，大多数的抹香鲸每次憋气的时间为20～30分钟，下潜的深度大约为800米。

暴躁的"热血青年"

抹香鲸是有名的"热血青年",它们一言不合就会和其他的海洋动物打起来。每头抹香鲸的身上都会有那么一两道激战后的印记。而它们最喜欢的对手就是大王乌贼。科学家们曾经发现了一头抹香鲸,在它身上布满了大大小小的疤痕,疤痕最密集的地方当数它的头部。那些都是它和大王乌贼发生激战后留下的"勋章"。大王乌贼的攻击力可不是一般的动物可以招架的,它那几条触腕的吸盘上都带有尖锐锋利的锯齿,在与抹香鲸争斗时,锋利的锯齿经常在抹香鲸的皮肤上留下深深的印记。

看不见的恶战

虽然一直到现在,人们还没有机会亲眼看到抹香鲸与大王乌贼恶战的场面,但是科学家在解剖抹香鲸时,曾在它们的胃里找到了几千个尚未完全消化的大王乌贼的吸盘。当然,抹香鲸也会捕食其他的动物,如章鱼、金枪鱼等,有时它们也会和鲨鱼一较高下。相关资料显示,有海洋生物学家曾经在抹香鲸的胃里发现了足足有2.5米长的巨鲨的骸骨。

方形的头颅

一眼看过去，抹香鲸最引人注目的地方就是它们那大大的方形头颅。抹香鲸的头部可以占到整个体长的 1/3。但是，它们头颅最下方的下颚却是极其小巧短窄，不过可千万不能因此而小瞧了它们的下颚，因为在它们的下颚上面长满了尖锐的牙齿。上颚虽然也长有牙齿，但是却藏在了里面，从外面根本看不到。

大脑的回声定位系统

在抹香鲸大大的头颅里有它们的大脑，抹香鲸的大脑足足有 10 千克重，可以说是动物界中最重的大脑之一。那么，抹香鲸的大脑为什么会如此之重呢？原来，脑部中有抹香鲸最重要的回声定位系统，它可以利用接收到的声波，在脑内产生视觉印象。

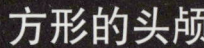 海洋万花筒

抹香鲸在成年后一般没有天敌，但是刚刚出生的幼鲸却因为只有 4 米，经常成为虎鲸或巨鲨的食物，因此产下幼仔的雌性抹香鲸总是会对幼鲸格外关注。

"抹香鲸"这个名字，很容易让人对它产生一种特殊的情感，因为与其他的鲸相比，它的名字实在是太有韵味了。而这个名字的背后却显示了人类丑陋的贪婪之心。那是因为抹香鲸的肠道中，有一种特殊的、散发着异香的蜡状物质，也就是龙涎香。它可以用来制作香水的固定剂。

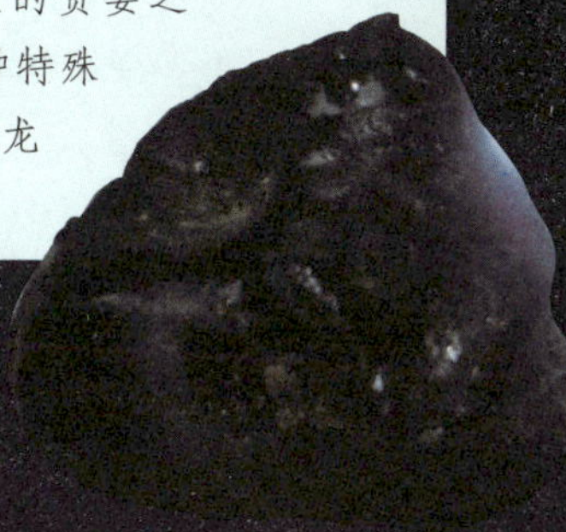

抹香鲸的脑油之谜

在抹香鲸的大头颅里还储存着几百甚至几千升的脑油，它是一种类似蜡状的液体，也是让人类生出贪婪之心的宝物。在以前，抹香鲸的脑油主要被拿来制作蜡烛，而鲸脑油在鲸的体内到底有什么作用，人们至今没有完全探索出来。当鲸想要快速潜入海底的时候，它们会一下吞入大量的海水，从而使头部变重。鲸脑油在这个过程中，可以吸附身体由于海水压力的变化而产生的氮气。不仅如此，鲸脑油在回声定位系统中也发挥着重要的作用。

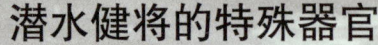

潜水健将的特殊器官

作为潜水健将，抹香鲸早就进化出了可以储存大量氧气的身体装置，不仅如此，它们还有一个可以让自己在水中快速上浮或者下潜的器官——鲸脑。抹香鲸的鲸脑器官就在它们的头部，并且连接着两个喷水中的其中一个。鲸脑中主要是呈白色蜡状物的脑油，它的熔点是 29℃。

下潜前的深呼吸

抹香鲸在下潜觅食之前，会先在水面漂浮大约 10 分钟的时间，并且不断地做深呼吸。这并不是说抹香鲸在下潜之前会紧张，它们这样做的目的是要加速身体内的血液流动，从而通过血液将肺部的氧气输送到全身的肌肉中。抹香鲸的肌肉十分特殊，其中含有可以与氧气充分结合的肌球素，能为抹香鲸的下潜积攒足够多的氧气。

调整肺部状态

抹香鲸在下潜时，它们的肺部中只保留着非常少的氧气。那是因为只有让肺部处于较为空荡的状态，在它们浮上水面的时候，才可以重新快速膨胀。试想一下，抹香鲸在准备下潜的时候，肺部胀满了空气，那么，在水的浮力的影响下，它们还可以迅速地下潜吗？答案当然是不能，不仅如此，还会让抹香鲸承受压力的能力下降。这也许就是抹香鲸可以安心地在海洋中下潜，却不担心自己会窒息的原因吧。

奇闻逸事

抹香鲸与其他的鲸相同，在夏天的时候，它们会游到较为寒冷的高纬度海域捕食，而一到冬天，它们就会返回温暖的低纬度海域。抹香鲸的迁徙模式非常奇怪，有时只有一头独自迁徙，有时则会一个小群体一起迁徙，但是它们却从来不会大规模一起出动，并且迁徙的抹香鲸都是雄性。

领航鲸

领航鲸就像它们的名字一样，可以为人类的渔船引领航行的方向。但是它们一开始并没有为人类的渔船领航的习惯，最开始它们为人类领航，是为了寻求被丢弃的鱼和虾的碎肉。领航鲸的智商也非常高，在尝到了领航的甜头之后，它们开始越来越熟练地为人类的渔船领航。

庞大的群体

　　领航鲸一般喜欢生活在温暖的海域，而且非常喜欢群居的生活，经常可以看到结成数百头的大群体，通常一个领航鲸群体中会有一头头鲸，它为大家引领航行的方向。领航鲸的群体中只有少数的成年雄性领航鲸，大部分是成年雌性领航鲸和鲸宝宝。领航鲸的主要食物是乌贼，还有鲱鱼、鳕鱼等喜欢聚集在一起的鱼类。

孕育鲸宝宝

　　每年的 2、3 月，领航鲸会在温暖的海域中孕育后代，刚刚出生的小领航鲸只有 1.4 米长。在小领航鲸出生后，母鲸会用乳汁喂养它 20 个月左右。领航鲸的体长可以达到 5 ～ 7 米，它们的体重可以达到大约 3600 千克。

领航鲸的大脑袋

　　领航鲸又被称为"巨头鲸"，可想而知，它们有一个看上去比较突出的头部。领航鲸的前额比较圆，它们并没有特别明显的吻部。如果从侧面看的话，它们的头与躯干的连接部分也并不明显。领航鲸的背鳍很小，但是却比较宽，长在它们身体从头部往后的 1/3 的地方。领航鲸的身体大部分是黑色的，只有腹部的颜色比较浅。

两大类领航鲸

领航鲸可以分为两大类，一类是长肢领航鲸，另一类是短肢领航鲸。它们的身体表面并没有什么不同，都是黑色的。一些领航鲸的下颚处会有明显的灰色或者白色的斑纹。短肢领航鲸的头骨比长肢领航鲸的更宽阔，但也更短小。它们的牙齿数量也比长肢领航鲸的要少一些。短肢领航鲸的背鳍相对来说比较大，而且呈往前倾斜的状态，高度大约有 30 厘米，它们的前肢与长肢领航鲸的相比也显得有些弯曲。通常来说，短肢领航鲸的体型比长肢领航鲸的更庞大。

🔬 海洋万花筒

领航鲸之所以得名，是因为它们可以像领航员一样，带领着整个群体朝着目的地航行。科学家认为，每一个领航鲸群体中都会有一头领航鲸担当领导者。最开始的时候，领航鲸被称为巨头鲸，这是因为它们的大脑袋看着非常像老式的大铁锅。

大吻领航鲸的生活

　　大吻领航鲸的牙齿在上、下颚均有分布，每侧生长 7～9 枚牙齿。它们主要生活在太平洋、大西洋和印度洋等温暖的海域，并不能适应太过寒冷的海域。大吻领航鲸非常喜欢聚集在一起活动，一般来说，每个大吻领航鲸群体有 10 头以上的成员，有时也可以看到多达几百头的大吻领航鲸群体。

🔖 奇闻逸事

　　与领航鲸会为迷路的渔船领航类似，有一种海豚也可以帮助渔民打鱼。那么，它们帮助渔民打鱼的这种行为是本性使然，还是像领航鲸一样，是在得到人类给予的甜头之后形成的呢？这种海豚被人们熟知，是因为法国著名的海豚专家布斯奈尔教授以它们为主角，拍摄了一部非常有趣的纪录片《人与自然》，这也为人类更好地了解它们提供了资料。

Part 6
鲸与人类的故事

鲸已经在地球上生活了大约 5000 万年，而人类最早出现在 500 万年前。当人类开始利用船只远渡重洋，下海捕鱼时，就与鲸结下了不解之缘。在遥远的古代，人们认为鲸是守护海洋边界的怪物，所以，鲸一度出现在人类的神话故事、绘画作品和歌声中……

鲸与人类的联系

　　鲸与人类一样，都属于哺乳动物。也许就是这个原因，人类总是会围绕鲸展开丰富的想象。但是，追溯到遥远的古代，你会发现，原来我们和鲸相处的历史并不是和平的。古时的船员在看到鲸后会陷入恐惧之中。而现在，人类看到鲸只会陷入对金钱的欲望中。由于人类的过度捕杀，一些鲸已经到了灭绝的边缘。

守护海洋边界的海怪

　　在科技尚不发达的古代，人们曾经以为自己生活的世界是平直的，如果在海上航行得太远，就会接触到世界的边缘，并且从那里掉下去。而生活在海洋中的鲸，经常会被人们认为是守护边界的海怪，它们的形象频频出现在人类的作品中。例如，在许多的绘画、雕刻或神话故事、歌曲中，鲸被塑造为长着尖锐獠牙的巨型大蛇，它们都以人类为食。

海豚被认为是上帝的使者

　　虽然海豚也是鲸的一种，但是人们却对它们抱有相反的态度。人们认为海豚是温顺、友善的，世界上还流传着许多关于海豚救人类于危难之中的故事。古希腊人更是格外喜欢这群海上的精灵，他们觉得猎杀海豚的行为跟杀人是一样的性质，都是十恶不赦的。古希腊人还觉得海豚是曾经落水的船员幻化而成的。在有些地域文化中，海豚有着强大的治愈能力，它们可以为人类治病。美洲和澳大利亚的一些原住民认为海豚是上帝的使者，应该被大家敬爱和保护。

📖 奇闻逸事

　　《圣经》中有这样一个关于鲸的故事：曾经有一头鲸，它违背了上帝的旨意，私自将约拿吞进了肚中，3天后，得知这件事的上帝命令鲸将约拿吐了出来。生活在冰岛的人们对一种红头鲸非常恐惧，因为神话中的红头鲸经常摧毁海上的船只，将船上的海员吞吃下腹。而原住民却对鲸抱有特殊的情感，他们十分信赖鲸，认为鲸是海上女神的孩子。

出现在人类生活中

鲸对人类一直有着特别的吸引力，人类也觉得自己与鲸之间一定有着某种联系，尤其是海豚。

在克里特岛的克诺索斯宫殿的女王房间的墙壁上有一幅壁画：壁画的主要对象便是一群海豚，一名艺术家在大约 3400 年前在这里画下了这些可爱、活泼的海豚。人们还曾经在美国华盛顿州发现了一块刻有虎鲸的岩石，根据调查，这块岩石的雕刻者是美洲原住民中的马考族人，他们平常便是以捕鲸为生。

守护航海人的精灵

同为鲸中的一员，海豚在人类心中有着与众不同的地位，几乎每个人都喜欢海豚，因为这群海上精灵真是太可爱了，它们活泼、爱笑、聪明，而且经常帮助遇到困难的人类。在遥远的古希腊时期就有海上航行者传颂海豚救人的事迹，因此，在古希腊人的心中，海豚是专门守护航海人的神灵。

公元109年，有一个有关海豚救人的传说被大家所熟知，它是这样记载的：有一只名叫西蒙的海豚，这一天它正在海中游玩，无意间发现了一个落水的男孩，它赶紧游过去，将男孩救上了岸。从此以后，男孩与西蒙便成了好朋友。他们时常在北美洲一个沿海村庄附近游泳、玩闹，因为男孩就生活在这里。男孩会亲昵地骑在西蒙的背上。不久之后，西蒙和男孩的故事被越来越多的村民知晓，他们都想去海边看看这只可爱的海豚。小小的村庄开始拥挤起来，食物也消耗得越来越快，人们变得易怒，有时为了一点小事便会发生争吵，甚至打架。村中的长者在这时站了出来，他认为一定要尽快阻止这些失控事件的发生，所以西蒙便被村民杀掉了。

图为海豚跃出水面，它们和人类亲近是每次海豚救人的来源

开动脑筋

1. 相比其他鲸，为什么海豚在人类的心中地位很高？

2. 为什么古希腊人认为海豚是守护航海人的神灵？

亲近人类的宽吻海豚

　　海豚对人类有着天然的好感，经常有一些野生的海豚想要接近人类，与人类一起玩闹。有一只宽吻海豚就是如此，它的名字叫费利波，生活在意大利的南部海湾。这里的居民基本上都认识这只海豚，因为费利波救过一个 14 岁的小男孩。大卫就是这个被救的小男孩，当时他正在父亲的船上玩耍，但是一不小心从船上掉了下去。当大家都以为大卫就要没救了时，费利波出现了。它游到大卫身边，不断用嘴部将大卫往海面推，一直到人们将大卫从水中救起。

海豚寻求人的帮助

　　海豚虽然在水里是游泳的能手，但是有时它们也会遇到一些困难。这时它们便会向人类求助。

　　2013 年年初，夏威夷就曾经发生过这样一件海豚向人类求助的事情：有一群潜水员在海中拍摄大虹鱼的时候，突然有一只宽吻海豚向他们游了过来。这只海豚一边游，一边用左侧的胸鳍打着"手势"，告诉他们自己遇到了困难。潜水员检查后发现，这只海豚的胸鳍被钓鱼钩刺中了，而且还被鱼线缠绕，这使它的行动受到了影响。这只海豚明显知道陷入危险时是可以向人类求助的。

成为儿童的好朋友

活泼、爱笑的海豚也可以成为人类的医生。由于它们温顺、友善的天性，有时会被用于治疗患有心理疾病或者肢体障碍的儿童。医护人员会将生病的儿童带到海豚生活的水池边，让他们相处一段时间，儿童可以抚摸海豚的大脑袋，也可以与它们一起玩耍嬉戏。与儿童在一起的海豚总是格外有耐心。它们会小心翼翼地接近儿童，在儿童适应后，与他们玩耍，仿佛知道自己应该怎么做才会对儿童有所帮助。与海豚相处后的儿童通常也会更加开朗，这对他们的病情有着积极的治疗作用。

🔬 海洋万花筒

科学家们发现，动物体型越大，睡觉越少。这个论点适用于马、长颈鹿和牛，它们以吃草来消磨大量时间。

马通常睡 3 小时就够了，长颈鹿每天只需睡 2 小时，大象只睡 4～5 小时，也属于睡觉少的动物。蓝鲸的体型很大，很少会看到它们睡懒觉。

🔖 开动脑筋

1. 你知道哪些与鲸相关的传说呢？传说中的鲸都是什么样子的？
2. 人们为什么喜欢海豚？

1.海豚可以是海上人类的好伙伴，也可以是孩子们治病的医生。
2.图为海底世界的人类。

对鲸的捕杀

　　人类对鲸的捕杀已经持续了数百年。渔船上的水手一般会站在最高的船桅杆上朝着远处眺望，当他们发现鲸的踪迹时就会大声通知其他的同伴，而听到呼唤的水手就会迅速地放下小船，然后用力划着船桨，追向鲸群。

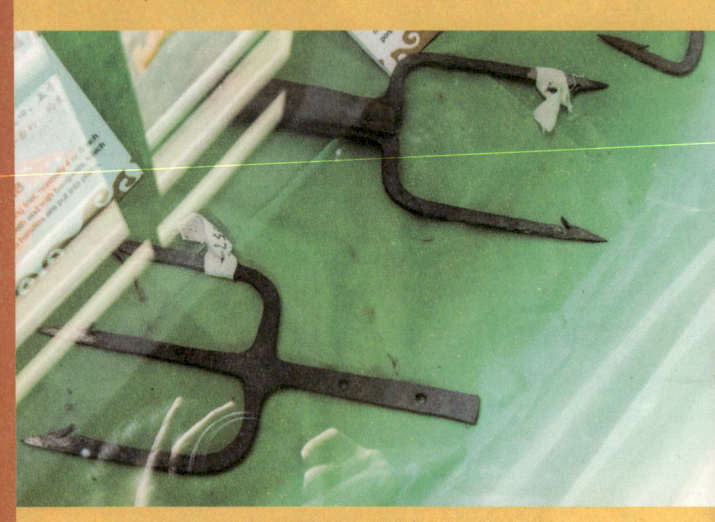

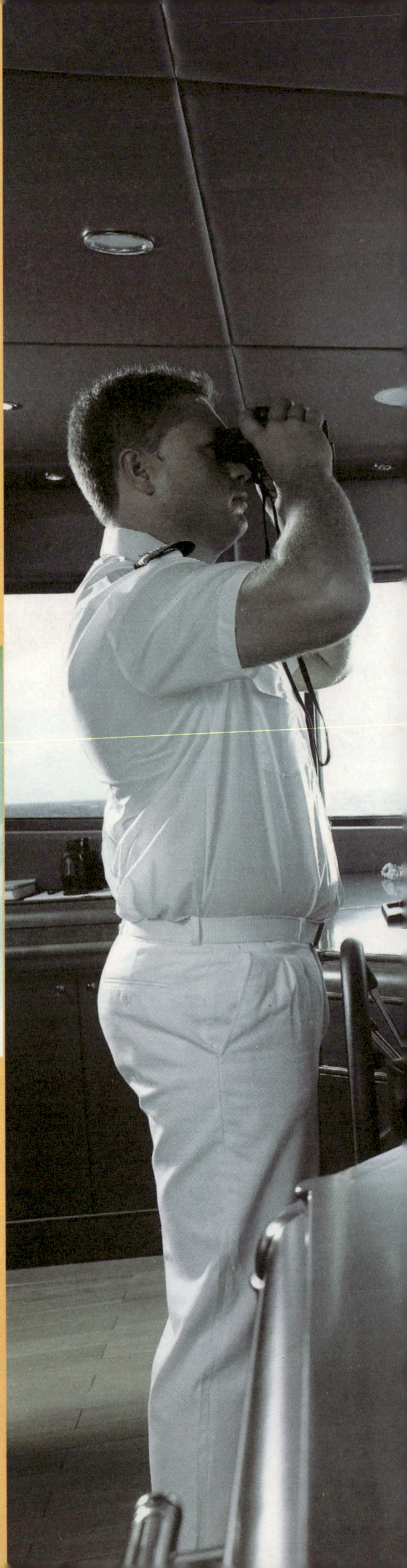

人类为利益捕鲸

　　当人们发现鲸时，专门的捕鲸小队会快速做出反应。其中标枪手会直接瞄准鲸的腹部掷出手中的大型鱼叉，如果一击即中的话，他们就会开心地欢呼跳跃。因为这样一来，他们就可以得到大量的鲸肉和鲸油了。慢慢地，人们从捕鲸中发现了巨大的利益，大量的捕鲸站被建立，这也标志着捕鲸业的正式形成。事实上，捕鲸业是世界上第一个全球化产业。

被袭击后报复的鲸

　　在科技尚不发达的时代，一般以帆船作为捕鲸的主要工具。而捕鲸时虽然辛苦，并且有时伴随着伤亡，但也有着巨大的利益，很多捕鲸人便是这样富起来的。当然，也有不少的捕鲸人因此断送了宝贵的生命，很多水手更是一上捕鲸船便开始后悔，因为被不断迫害的鲸也会进行猛烈的反击。一些受了伤但是成功躲开人类追捕的鲸会潜伏在海中，暗暗积蓄复仇的力量，它们会攻击捕鲸的小艇，甚至是大型的捕鲸船，曾经就发生过抹香鲸直接将捕鲸船撞沉的事件，美国著名小说《白鲸》就是以这个事件为原型。

捕鲸大炮的出现

　　到了 19 世纪中期，人类发明了专门用来捕鲸的大炮，利用这种大炮可以直接向鲸发射杀伤力巨大的大型鱼叉，其射程足足有 50 米。这样一来，捕鲸人便更加有恃无恐了，而对鲸的捕杀事件也越演越烈。人类还发明了大型的捕鲸船，这种船只可以让捕鲸人对大型鲸下手了，首先遭受迫害的便是露脊鲸。露脊鲸在英语中有"合适的鲸"的意思，这也说明它们是捕鲸人最想要捕捉的对象。

鲸陷入灭绝的危机

随着捕鲸技术的发展，生活在海洋中的鲸越来越绝望。它们面对这些可以快速将它们捕获的大型捕鲸船和具有极大杀伤力的鱼叉，完全没有可以抵挡的能力。因此，鲸的数量迅速下降。短短的几年内，有些鲸甚至直接陷入了灭绝的危机中，如蓝鲸和北极露脊鲸。即使人类禁止捕鲸后，鲸的数量也没有得到增长。

🔬 海洋万花筒

19世纪中期，人类发明的捕鲸炮一般被捕鲸人安装在捕鲸船的船头位置，在捕捉鲸时，就像发射大炮一样瞄准鲸发射。捕鲸炮内的鱼叉在射中鲸后，隐藏在鱼叉尖端的爆破装置就会发挥效用，鲸也会因此直接死亡。

在鲸群中曾经发生过这样一件不可思议的事件，那就是鲸帮助人类捕杀自己的同类。从 19 世纪 50 年代中期开始，一直到 1932 年，在澳大利亚的图佛德湾，生活着多达 100 头虎鲸，它们与捕鲸者有着稳固的合作关系。这群虎鲸经常帮助捕鲸者猎杀途经这里的座头鲸。当虎鲸和捕鲸者发现座头鲸时，它们便会一起围猎落单的座头鲸，在完成捕捉后，捕鲸者会将座头鲸的舌头、嘴唇或者其他部位的一小块肉奖励给这群好帮手。捕鲸者还给虎鲸起了名字，其中领头的那头叫作汤姆。多年以后，这群虎鲸的数量越来越少，有的死了，有的离开了这里，去了其他海域。汤姆死后，它的骨架被陈列在当地的博物馆，而图佛德湾的人们也停止了对鲸的捕杀。

鲸虽然体型庞大，是海洋中的掠食者，但是它们的生命同样也被威胁着。对鲸威胁最大的掠食者是一些大型鲨鱼或同为鲸的虎鲸。即使是身躯庞大的蓝鲸或露脊鲸都难以对抗一群虎鲸的袭击。有时与虎鲸有着近亲关系的小虎鲸和伪虎鲸也会袭击其他种类的鲸。

团结起来生存

　　面对失去生命的威胁，鲸也会产生强烈的自我保护意识。它们会主动寻找自己的同类，结成紧密的团体，从而共同抵御外敌。曾经就有几千头长吻海豚和斑点原海豚组成了一支强大的队伍，进而对付可怕的大鲨鱼。

　　当然，有些鲸在面对危险时也会直接游开，或者潜到深海躲藏起来。生性勇猛好斗的鲸会留下来与敌人战斗，它们在迎击时也会考虑到自己的同伴。首先它们会用力拍打自己的尾巴，做出往前冲的假动作，这样一来，就可以十分有效地打击或者威胁到敌人，从而让幼小或者生病受伤的同伴变得安全。

人类才是最大的威胁

　　对鲸的生存威胁最大的还是人类。人类不仅会直接捕杀鲸，还会通过破坏它们的栖息地，使鲸走向死亡。人类会在海洋里排泄污水，堆积垃圾，制造噪音，生活在其中的鲸将随时面临危机。

寄生虫的威胁

除了一些明显的敌人外，海洋中还存在一些其他的、看起来不那么明显的威胁者。它们就潜伏在鲸的身体表面，静静地等待着时机，例如，寄居在鲸皮肤上的鲸虱和藤壶，它们的主要食物就是鲸的皮肤，若是恰好碰上鲸受伤，那么它们在伤口处更是可以美餐一顿。尽管这些寄生虫看起来非常弱小，好似不会对庞大的鲸造成什么致命伤害，但是鲸的体内并不仅仅只有一种寄生虫，相反，它们体内的寄生虫种类繁多，且数量巨大，在这些寄生虫的合力攻击之下，鲸的身体会慢慢变得虚弱，甚至还会导致死亡。

💡 **开动脑筋**

1. 人类对鲸的捕杀都有哪些原因呢？
2. 你能想出什么好办法来尽可能地呼吁人类减少对鲸的迫害吗？
3. 鲸群可以保护鲸，但是也会被人类一网打尽，它们会有更好的生存办法吗？

参考答案

1. 人类为获取鲸的脂肪和鲸油。
2. 减少生活污染源等。
3. 扩散逃离人类。

鲸的保护者：英格丽特

英格丽特·韦塞博士是一位著名的海洋生物学家，她成立了虎鲸研究中心，专门研究新西兰的虎鲸，而且她还是世界闻名的虎鲸专家，在对虎鲸的保护上做出了杰出的贡献。让人感到意外的是，她是真的将这群杀人鲸当作朋友。

英格丽特与虎鲸的羁绊

英格丽特·韦塞小时候就非常喜欢虎鲸，她经常站在海滩上遥望正在海面呼吸或者玩闹的虎鲸，如今的她更是经常在海中与鲸群一起游弋。她对生活在新西兰海域附近的虎鲸十分熟悉，甚至可以辨别出每一头虎鲸，当然，这些虎鲸对英格丽特也有着特殊的情感。

救援落难的虎鲸

　　2010 年 5 月 25 日，一则电话打破了虎鲸研究中心的宁静，原来有一头虎鲸在新西兰北部的鲁阿卡卡小镇附近的海滩搁浅了，正处于危难关头。英格丽特听着对方的描述，立刻知道了这是哪头虎鲸，因为她与这头虎鲸有着深厚的情感，她是看着虎鲸——普提塔长大的。来到海滩的英格丽特听着普提塔发出绝望的求救声，又听到了从遥远的海域传来的回应声，心里十分着急。

　　英格丽特当机立断，立刻找来数位帮手。他们一边借助海浪的力量，一边努力将普提塔往大海的方向移动，在经历了漫长而又紧迫的两个半小时后，普提塔终于重获了自由，欢快地往远处游去，这也让英格丽特终于安心地笑了出来。

英格丽特对虎鲸的关怀

　　在虎鲸研究中心的英格丽特总是对电话格外关注，每当电话响起时，她总是紧张万分，猜测着对面的情况。原来人们只要在海边看到虎鲸的身影，就会给她打电话，而接到电话的她也总是会立刻赶到那里。她会搭乘汽艇在大海中寻找虎鲸，关切地查看虎鲸的情况。英格丽特每次看到虎鲸身边的海洋垃圾时，目光总是格外忧虑。

Part 6 鲸 与 人 类 的 故 事

人类对鲸的影响

你了解鲸吗？它们在海洋中已经生活了足足 5000 万年，这比我们人类的历史要足足多上好几倍。鲸在海洋中是凶猛、庞大的，但是人类却以残忍的手段杀害了多达百万头鲸。还有一些鲸在人类的过度捕杀中已经濒临灭绝，虽然现在国际已经出台了有关禁止捕鲸的各项法令，但是杀鲸事件仍然存在，另一方面，环境污染和海底噪音也让它们的生命受到了威胁。

人类捕杀鲸的后果

鱼类每次产卵后，可以孕育出成百上千条的小鱼，但是鲸却不能。雌鲸在受孕后，一般只会产下一头幼仔，并且它们要间隔三五年才会再次繁殖，这是鲸和鱼类的不同，鲸在被人类大量捕杀后，其数量无法快速复原。

海洋环境被破坏

　　由于人们对海洋环境的肆意破坏，许多海洋生物已经失去了它们生活的家园：人们将工厂生产时产生的工业废水直接排入河流和海洋之中。出海时，直接将船只上的垃圾扔到海洋中；在海边游玩的游客更是将一些空的饮料瓶丢进海水中。

　　鲸曾经赖以生存的家园早已成为人类的垃圾场，一些鲸体内积累了越来越多的有毒物质，如重金属汞。这些有毒物质在鲸体内不断危害着它们的健康。

船只对鲸的影响

　　人们乘坐船只出海打鱼，骑着水上摩托车到处游玩，驾驶着各种机器在海上作业，殊不知船只的引擎声和螺旋桨轰鸣声，以及其他的交通工具、机器发出的震耳欲聋的声响，都会对生活在海洋中的动物带来毁灭性的灾难。人类制造的这些噪音对听觉敏锐的鲸来说杀伤力更甚。有的鲸研究专家认为，鲸会在陆地频频搁浅，很大部分的原因是军事潜艇的定位系统对鲸的内耳造成了严重的损伤，造成它们失去了对方向的辨识能力。

狭小空间里的鲸

动物园中经常会圈养一些鲸供人们观赏，这些鲸大部分是虎鲸和海豚，它们有着极高的学习天分，能够学会很多复杂的技能，这也是让人类频频称奇的地方。它们能够学会玩球，与驯兽师配合着完成高难度的动作。动物园或海洋馆里的鲸总是可以吸引游客的目光，然而被圈养的它们真的是快乐的吗？生活在海洋中的鲸一般都会进行长途的迁徙活动，但是被圈养的鲸只能在小小的水池里来回游动，甚至是捕食和下潜都难以放开"手脚"。

🐚 海洋万花筒

虽然国际捕鲸委员会发布了有关禁止捕鲸的条令，但是仍然有一些免责条款：在日本、挪威和冰岛是可以捕杀小须鲸、抹香鲸以及布氏鲸的。国际捕鲸委员会还允许美国、加拿大、俄罗斯、格陵兰、圣文森特，以及格林纳丁斯群岛的原住民每年捕杀少量的鲸。

参考答案

1.蓝鲸、露脊鲸、长须鲸、座头鲸、北极光鲸和抹香鲸等。

2.为了保护鲸

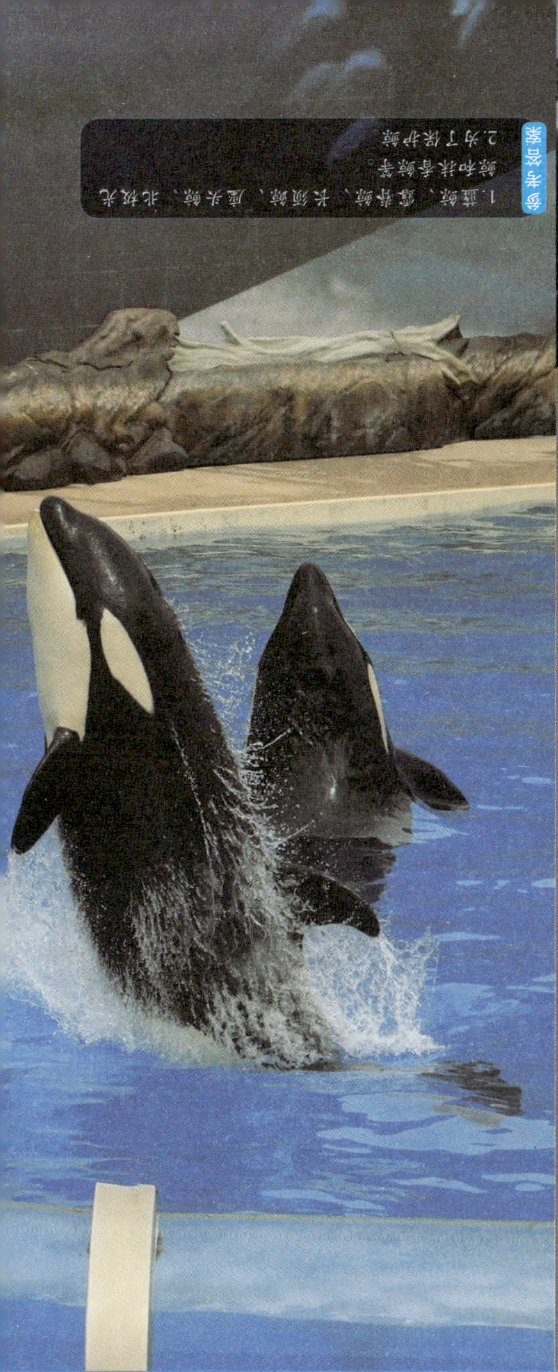

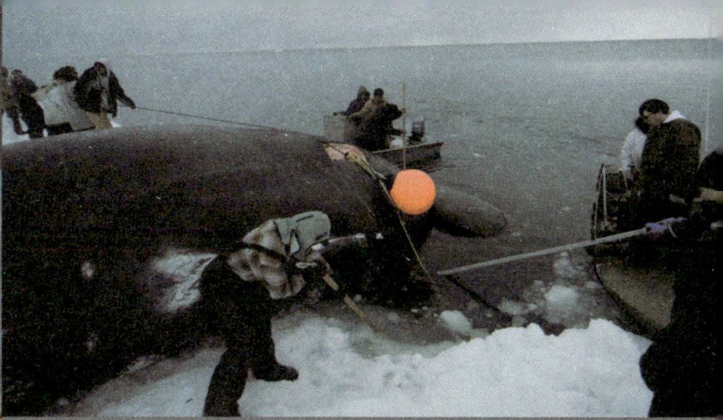

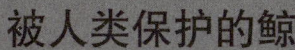

被人类保护的鲸

值得庆幸的是，现在越来越多的人加入对鲸的保护中。人们自发成立或者加入一些拯救鲸的组织机构中，他们正在尽最大的努力拯救鲸，改善它们的生活环境。一些专门研究鲸的专家和老师帮助我们了解鲸。一些致力于保护自然资源的志愿者为了拯救受难的鲸，成立了专门的鲸避难所，并且极力宣扬对鲸无害的捕鱼方式，同时他们对一些有害的实验进行抵制。

国际捕鲸委员会的禁令

20世纪30年代，国际捕鲸委员会第一次提出要保护某些鲸，使它们免遭捕杀。1986年，国际捕鲸委员会明确颁布了有关禁止商业捕鲸的条令。现在，人们自发拍摄了各种禁止捕鲸的公益广告，进行各种相关的宣讲。我们相信，在未来还会有越来越多的人加入进来。

开动脑筋

1. 你知道有哪些鲸已经濒临灭绝了吗？
2. 为什么要凿沉捕鲸船？

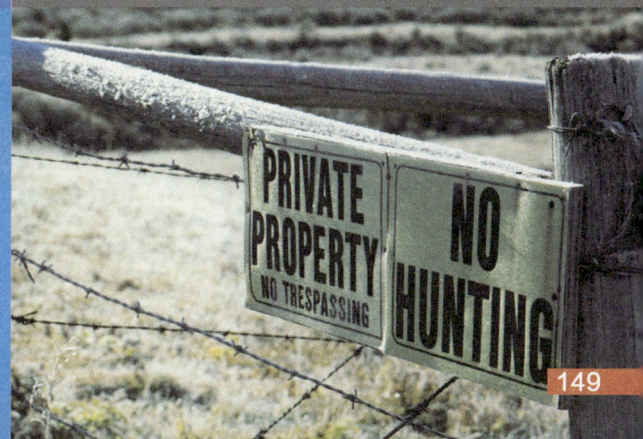

海洋探秘

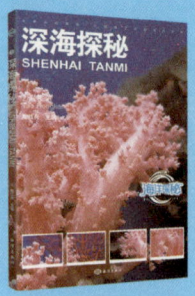

深海探秘
SHENHAI TANMI

企鹅探秘
QI'E TANMI

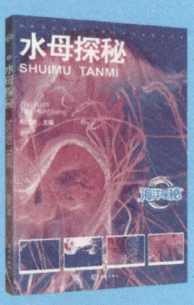

水母探秘
SHUIMU TANMI

台风探秘
TAIFENG TANMI

鲨鱼探秘
SHAYU TANMI

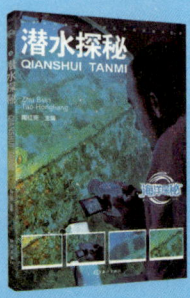

潜水探秘
QIANSHUI TANMI

极地探秘
JIDI TANMI

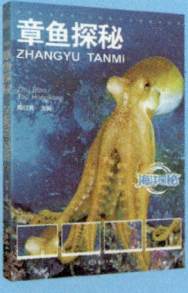

章鱼探秘
ZHANGYU TANMI

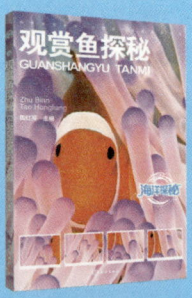

观赏鱼探秘
GUANSHANGYU TANMI

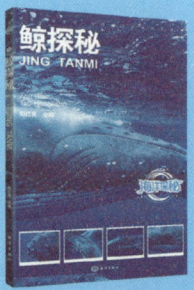

鲸探秘
JING TANMI